REVISION DES ESPÈCES FRANÇAISES

APPARTENANT AUX GENRES

MARGARITANA ET UNIO

CONTRIBUTIONS A LA FAUNE MALACOLOGIQUE FRANÇAISE

XIII

REVISION DES ESPÈCES FRANÇAISES

APPARTENANT AUX GENRES

MARGARITANA ET UNIO

PAR

ARNOULD LOCARD

PARIS
LIBRAIRIE J.-B. BAILLIÈRE ET FILS
19, RUE HAUTEFEUILLE, 19

1889

INTRODUCTION

Lorsque l'on étudie avec un peu de soin et d'attention, sans le moindre parti pris, nos Nayades françaises, on est surpris de la grande quantité de formes qui existent. Ce nombre, si considérable qu'il puisse paraître au premier abord, n'est pourtant pas indéfini, car, après quelques études comparatives, on arrive bientôt à classer ces formes de manière à constituer des groupes généraux renfermant un certain nombre d'espèces affines, ayant chacune leurs variétés bien distinctes et bien définies.

Mais, si l'on veut ensuite essayer de déterminer une série un peu importante de ces mollusques, avec les données fournies par les traités de malacologie actuellement existants, on voit de suite quelle lacune considérable existe dans ces ouvrages, qui ne présentent en somme que les descriptions et les figurations d'un nombre d'espèces fort restreintes dont l'habitat s'étend rarement au delà de nos grands cours d'eau un peu mieux explorés que les autres. L'explication de cette lacune est facile à comprendre et même à justifier. Aussi, avant d'entreprendre d'en combler quelques parties, croyons-nous utile de rappeler brièvement l'historique de cette branche importante de la malacologie.

Linné, notre grand maître à tous, avait, comme il est facile de s'en convaincre en parcourant ses écrits, singulièrement négligé cette grande famille. Dans sa dixième comme dans sa douzième édition, il se borne à citer seulement deux *Unio* qu'il classe dans les *Myes*, les *Mya picto-*

rum (1) et *M. margaritifera* (2). Il est bien évident que son attention ne s'était pas portée sur ce genre de mollusques, car avec l'extrême sagacité dont il fait preuve à propos de l'étude d'autres genres, il eût bien certainement reconnu, comme de Lamarck l'a fait après lui, un plus grand nombre de *Mya* ou d'*Unio* dans le système européen. Gmelin, le continuateur de son œuvre, tout en indiquant un bien plus grand nombre de références iconographiques et en distinguant plusieurs variétés, n'est pas plus explicite au point de vue spécifique (3).

En 1788, Laurent, Münster, Philipsson (4), dans une thèse soutenue devant Retzius, institue le genre *Unio* et cite dans ce genre les *Unio margaritiferus* Linné, *U. crassus*, *U. tumidus*, *U. pictorum* Linné, *U. ovalis* et *U. corrugatus*; c'était, comme on le voit, un grand pas pour cette époque.

Avec Draparnaud, au commencement du siècle, la science française fait à son tour un premier pas bien modeste. Dans son *Tableau des mollusques de la France* (5), il se borne à citer les *Unio pictorum*, *U. margaritifera* et *U. littoralis*, cette dernière espèce précédemment découverte par Cuvier (6). Dans son *Histoire des mollusques* (7), il décrit avec plus de soin ces mêmes espèces, indique plusieurs variétés, et donne la figuration de six formes différentes sur lesquelles nous aurons à revenir plus loin. Mais en examinant ces formes, on voit de suite que Draparnaud n'a connu que les quelques espèces les plus communes, habitant dans les grands cours d'eau, et qu'il ne s'est livré à aucune exploration en dehors de ces limites.

Gaspard Michaud, au contraire, en poursuivant l'œuvre de Draparnaud (8), en a élargi le cadre autant qu'on pouvait le faire à cette époque. Déjà, en effet, en dehors des grandes formes draparnaldiques, il nous fait connaître quelques intéressantes formes locales parfaitement com-

(1) *Mya pictorum*, Linné, 1758. *Systema naturæ*, édit. X, p. 671, nº 19. — 1767. Edit. XII, p. 1112, nº 28.

(2) *Mya margaritifera*, Linné, 1758. *Syst. nat.*, édit. X, p. 671, nº 20 — 1767. Edit. XII, p. 1112, nº 29.

(3) Gmelin, 1789. *Syst. nat.*, édit. XIII, p. 3212 et 3213.

(4) Philipsson, 1788. *Nova testaceorum genera*, p. 16 à 18.

(5) Draparnaud, an IX. *Tableau des mollusques terrestres et fluviatiles de la France*, p. 106 et 107.

(6) Cuvier, 1778. *Tabl. élem.*, p. 425.

(7) Draparnaud, an XIII. *Histoire naturelle des coquilles terrestres et fluviatiles de la France*, p. 131 à 133, pl. X et XII.

(8) Michaud, 1831. *Complément de l'histoire naturelle des mollusques terrestres et fluviatiles de la France*, p. 105 à 115, pl. XVI.

prises et porte à dix le nombre des Unios françaises : *Unio Requienii* Michaud, *U. Deshayesii* Michaud, *U. pictorum* Linné, *U. rostrata* de Lamarck, *U. Batava* de Lamarck, *U. littoralis* Cuvier, *U. subtetragona* Michaud, *U. Roissyi* Michaud, *U. elongata* de Lamarck, *U. margaritifera* Linné. Six de ces espèces sont dessinées avec cette exactitude et cette correction qui caractérisent le crayon de son ami Terver.

Peu après la publication de cet ouvrage, parut, en Allemagne, la grande publication de Rossmässler, sur la faune terrestre et des eaux douces du système européen (1). Dans cette magistrale iconographie si bien commencée, l'auteur donne les figurations d'un grand nombre de Nayades appartenant non seulement à la faune allemande, mais même à la faune française. Nous y retrouvons plusieurs types de nos contrées qui lui avaient été envoyés par Michaud et surtout par Terver.

Dans cette première moitié du siècle, plusieurs auteurs, soit dans des monographies locales, soit dans des publications spéciales, indiquent quelques formes nouvelles ou réputées pour telles, et dont les types sont pris en France; nous citerons notamment : *Unio nana*, *U. rotundata*, *U. manca* de Lamarck (2), *U. Turtonii* Payraudeau (3), *U. Draparnaldii* Deshayes (4), *U. Pianensis* Farines (5), *U. Michaudiana* Des Moulins (6), *U. cuneata* et *U. arcuata* Jacquemin (7), *U. arcuata* Bouchard-Chantereaux (8), *U. corrugata* Mauduyt (9), *U. Barraudii* et *U. brunnea* Bonhomme (10), *U. Bigerrensis* Millet (11), *U. Moquinianus* Dupuy (12), *U. Ardusianus* Reynies (13), *U. Aleroni* Campanyo et Massot (14), etc.

(1) Rossmässler, 1835-1844. *Iconographie der Land- und Süsswasser-Mollusken mit vorzüglicher Berücksichtigung der europäischen noch nicht abgebildeten Arten.*

(2) *Unio nana*, de Lamarck, 1819. *Anim. sans vert.*, VI, I, p. 76.
— *rotundata*, de Lamarck. *Loc. cit.*, p. 75.
— *manca*, de Lamarck. *Loc. cit.*, p. 80.

(3) *Unio Turtonii*, Payraudeau, 1826. *Moll. Corse*, p. 65, pl. II, fig. 2-3.

(4) *Unio Draparnaldii*, Deshayes, 1831. *Coq. terr.*, p. 38. pl. XIV, fig. 6.

(5) *Unio Pianensis*, Farines, 1833. *Bull.*, p. 27. — 1834. *Coq. viv.*, fig. 1-3.

(6) *Unio Michaudiana*, Des Moulins, 1833. *In Act. Soc. Lin. Bordeaux*, VI, p. 20, pl. I.

(7) *Unio arcuata*, Jacquemin, 1835. *Guide. voy. Arles*, p. 123.
— *cuneata*, Jacquemin, 1835. *Loc. cit.*, p. 124.

(8) *Unio arcuata (non* Jacq.), Bouchard-Chantereaux, 1835. *Moll. Pas-de-Calais*, p. 91, pl. I.

(9) *Unio corrugata*, Mauduyt, 1838. *Tabl. moll. Vienne*, p. 8, pl. I, fig. 1-2.

(10) *Unio Barraudii*, Bonhomme, 1840. *In Mem. Soc. Aveyron.*, II, p. 430.
— *brunnea*, Bonhomme, 1840. *Loc. cit.*, p. 430.

(11) *Unio Bigerrensis*, Millet, 1843. *In Mag. zool.*, p. 3, pl. LXIV, fig. 2.

(12) *Unio Moquinianus*, Dupuy, 1843. *Moll. Gers*, p. 82, pl. I, fig. 1.

(13) *Unio Ardusianus*, Reynies, 1843. Lettre à Moq., p. 5, pl. I, fig. 7-8.

(14) *Unio Aleroni*, Companyo et Massot, 1845. *In Bull. Soc. Pyrénées-Orientales*, VI, p. 234, fig. 2.

Avec l'abbé Dupuy (1), nous voyons adopter la distinction des deux genres *Margaritana* et *Unio*. Chez cet auteur, le genre *Margaritana*, créé en 1817, par Schumacher (2), ne renferme qu'une seule espèce, le *Margaritana margaritifera*, tel que l'avait déjà signalé Linné. Le genre *Unio* très largement traité, renferme vingt-quatre espèces dont plusieurs sont nouvelles. La faune française, d'après l'abbé Dupuy, renferme : *Unio sinuatus* de Lamarck, *U. littoralis* Draparnaud, *U. subtetragonus* Michaud, *U. Bigerrensis* Millet, *U. Pianensis* Farines, *U. Barraudii* Bonhomme, *U. Astierianus* Dupuy, *U. ovalis* Montagu, *U. Batavus* de Lamarck, *U. Drouetii* Dupuy, *U. Moulinsianus* Dupuy, *U. nanus* de Lamarck, *U. mancus* de Lamarck, *U. Jacqueminii* Dupuy, *U. Moquinianus* Dupuy, *U. Capigliolo* Payraudeau, *U. pictorum* Linné, *U. platyrinchoideus* Dupuy, *U. Turtonii* Payraudeau, *U. Requienii* Michaud, *U. Ardusianus* Reyniés, *U. Limaniæ* Bouillet, *U. Rousii* Dupuy, *U. Philippii* Dupuy, *U. tumidus* Philipsson. Ce nombre, aux yeux de quelques naturalistes, parut presque excessif, et pourtant il faut bien reconnaître que le bon abbé avait poussé beaucoup plus loin que ses prédécesseurs ses investigations et ses pêches. En relation avec un grand nombre de correspondants, il avait su réunir des matériaux d'étude comme on ne l'avait pas encore fait avant lui, et malgré cela combien de vides restaient encore à combler !

A peu près à la même époque, Moquin-Tandon (3) réunissait Margaritanes et Unios et ne reconnaissait en France et en Corse que onze espèces seulement. Tout en introduisant dans notre faune, comme espèces nouvelles, les *Unio crassus* Philipsson, et *U. ater* Nilsson. Mais ajoutons bien vite que son mode de groupement des espèces déjà connues était absolument fantaisiste, car jamais naturaliste sérieux ne s'avisera de confondre, par exemple, à titre de variété de l'*Unio Requieni* type, les *Unio Rousi* Dupuy, *U. Ardusianus* Reyniés, *U. Turtoni* Payraudeau, *U. platyrhynchoideus* Dupuy, etc.

Peu après, M. H. Drouët fit paraître dans les Mémoires de la Société académique de l'Aube, un travail intitulé *Études sur les Naïades de la*

(1) Dupuy (l'abbé D.), 1847-1852. *Histoire naturelle des mollusques terrestres et des eaux douces qui vivent en France*, p. 621 à 657, pl. XXII à XXVIII.

(2) Schumacher, 1817. *Essai d'un nouveau système des habitations des vers testacés*, p. 41 et 123, pl. X, fig. 4.

(3) Moquin-Tandon, 1855. *Histoire naturelle des mollusques terrestres et fluviatiles de France*, t. II, p. 563 à 578, pl. XLVII à LI.

France (1), dans lequel, tout en donnant de nombreuses indications de localités nouvelles, il se borne à relever douze espèces seulement, suivant ainsi à peu près les mêmes errements spécifiques que Moquin-Tandon.

Depuis la publication du grand ouvrage de l'abbé Dupuy, jusqu'à ce jour, de nombreuses formes ont été découvertes et décrites dans différents mémoires. Nous signalerons notamment : *Unio Danielis* Gassies (2), *U. Brindosianus* (3) et *U. Bayonnensis* (4) de Folin et Berillon, *U. orthellus* et *U. Forojuliensis* Berenguier (5), *U. Berenguieri* Bourguignat (6), *U. Mallafossianus* Bourguignat (7), *U. Rayi* Bourguignat (8), *U. Carcasinus* Sourbieu (9), *U. Mongazonæ*, *U. Baroni*, *U. Cavarellus*, *U. strigatus*, *U. asticus*, *U. eutrapelus* Servain (10), *U. Batavellus* Letourneux (11), *U. occidaneus*, *U. plebeius*, *U. Charpyi*, *U. crassulus*, *U. lacustris*, *U. suborbicularis*, *U. badiellus*, Drouët (12), etc. Citons également l'intéressant mémoire de L. de Joannis, intitulé : *Étude sur les Nayades du département de Maine-et-Loire* (13), dans lequel sont figurées quarante formes d'*Unio*.

Dans notre *Prodrome* (14), publié en 1882, grâce au gracieux concours de notre savant ami, M. J.-R. Bourguignat, maintenant la juste distinction des genres *Margaritana* et *Unio*, nous avons porté à cent quatorze le nombre des *Unio* connus en France. On eût pu croire qu'un pareil nombre était un maximum difficile à dépasser, et pourtant, lorsqu'après

(1) H. Drouët, 1857. *Etudes sur les Naïades de la France*, *in Mém. Soc. acad. de l'Aube*, XXI (tir. à part, br. in-8, 136 p., 9 pl.)

2) *U. Danillis*, Gassies, 1867. *In Bull. Soc. Lin. Bord.*, XVI (tir. à part : *Malac. terr. et d'eau douce de l'Aquitaine*, p. 26, pl. I, fig. 8).

(3) *U. Moreleti*, *var. Brindosianus*, de Folin et Bérillon, 1874. *In Bull. Soc. Bayonne*, p. 97.

(4) *U. Moreleti*, de Folin et Bérillon, 1874. *In Bull. Soc. Bayonne*, p. 95, pl, fig. 1 à 3. (*U. Moreletianus*). — *U. Bayonnensis*, de Folin et Bérillon, 1877. *In Bull. Soc. Bayonne*, p. 29.

(5) *U. Forojuliensis* et *U. orthelius*, Bérenguier, 1882. *Essai faune malac. Var*, p. 87, 95 à 97.

(6) *U. Berenguieri*, Bourguignat, 1882. *In* Bérenguier, *Loc. cit.*, p. 87 et 100.

(7) *U. Malafossianus*, Bourguignat, 1883. *In Bull. Soc. malac. franç.*, II. p. 188.

(8) *U. Rayi*, Bourguignat, 1885. *Loc. cit.*, p. 324.

(9) *U. Carcasinus*, Sourbieu, 1887. *In Bull. Soc. malac. franç.*, IV, p. 235.

(10) Servain, 1887. *In Bull. Soc. malac. franç.*, IV, p. 253 à 261.

(11) *U. Batavellus*, Letourneux, *in* Locard, 1884. *Bull. Soc. sc. nat. Rouen*, t. V, p. 72.

(12) Drouët, 1888. *In Journ. conch.*, XXXVI, p. 104 à 109. — 1889. *Unionidæ du bassin du Rhône*, *in Mem. Acad. Dijon*, sér. IV. t. I (tir. à part, 1 br. in-8, 92 p., 3 pl.)

(13) *Étude sur les Nayades du département de Maine-et-Loire*, *in Ann. Soc. Linn. Maine-et-Loire*, t. III (tir. à part; 1 br. in-8, 35 p, 12 pl. Angers, 1858.)

(14) A. Locard, 1882. *Prodrome de malacologie française, Mollusques terrestres des eaux douces et des eaux saumâtres*, p. 282 à 300, et 353 à 367.

de longues et patientes recherches, nous avons fini par réunir des matériaux d'étude puisés un peu partout, nous avons été condamné à reconnaître que nos limites spécifiques étaient encore trop étroites et qu'il fallait forcément en élargir le cadre pour arriver à bien classer et à bien déterminer les huit ou dix mille coquilles qui passaient sous nos yeux.

Nous présentons donc aujourd'hui un nouveau *Prodrome* des *Unio* de France, et quelque considérable que puisse paraître le nombre des espèces qu'il renferme, nous pouvons affirmer qu'il est bien loin de représenter le dernier mot de la science. C'est qu'en effet, malgré les nombreuses recherches auxquelles nous avons dû nous livrer, malgré les nombreux envois de nos bienveillants correspondants, il existe encore des départements entiers, d'importants cours d'eau, une foule de lacs et de ruisseaux sur la faune desquels nous n'avons pas la moindre donnée! Telle est la raison pour laquelle nous avons dû nous borner à donner encore cette étude sous forme de *Prodrome*; ce n'est que plus tard, quand on aura pu réunir de nouveaux éléments puisés dans ces régions inexplorées que l'on pourra songer à donner un travail descriptif et comparatif plus complet. Aujourd'hui nous nous contentons de dire aux amis des sciences naturelles quel est l'état de nos connaissances, et à appeler de nouveau leur attention sur cette question. Puisse notre nouvel appel être encore entendu.

Remercions donc ici nos aimables et généreux correspondants qui nous ont, en maintes circonstances, prêté un gracieux et utile concours. MM. E. Ballé, abbé Baichère, Beaudouin, de Brebisson, Brevière, Dr Bureau, Caziot, C. Chantre, Charpy, Coutagne, P. Fagot, de Finance, les Frères Euthyme, Florence et Pacôme, Gabillot, Gadeau de Kerville, Jourdan, Lacroix, Dr Lortet, Nicollon, Marion, Perroud, Redon, Roy, marquis de Saporta, Servain, etc., et plus particulièrement M. J.-R. Bourguignat, dont la précieuse et savante collaboration nous a mis à même de mener à bonne fin cette étude. M. Bourguignat a bien voulu nous envoyer le catalogue complet de sa belle collection d'*Unio*, avec la description de toutes les espèces nouvelles qu'elle renfermait. Si son nom ne figure pas à côté du nôtre sur la couverture de ce mémoire, c'est que sa modestie n'a pas voulu nous permettre d'assigner à son nom la véritable place qu'il devait occuper.

Dans cette étude nous avons adopté une classification un peu différente de celle de 1882. C'est celle suivie par M. Bourguignat pour la répartition générale des Unios du système européen. Si quelques formes déjà signalées par d'autres auteurs n'y figurent pas, c'est que ces formes nous sont encore inconnues; or nous avons tenu essentiellement à n'indiquer que les espèces dont nous étions absolument sûr, ainsi que les localités dont nous avions pu vérifier l'exactitude.

A la suite du catalogue des espèces, nous avons donné la description de toutes les formes nouvelles, et en outre nous avons indiqué pour chacune d'elles ses mensurations complètes, d'après la méthode si heureusement inaugurée par M. Bourguignat il y a déjà quelques années. Ce système de mensuration est tel qu'il supplée aisément à toute figuration. Avec ces données tout le monde peut avec la plus grande facilité reconstituter graphiquement, ou même par le modelage, chaque espèce. En outre, avec un peu d'habitude, la simple lecture de ces cotes, toutes absolument comparatives, permet en quelque sorte de reconstituer par la pensée l'ensemble des formes de la coquille. Cette méthode que nous avons souvent expérimentée et que bon nombre de nos correspondants mettent en pratique aujourd'hui, rend d'incontestables services. Nous croyons utile d'en parler encore, pour la mieux faire connaître et la propager.

Un mot d'abord sur la manière de placer les Acéphales. « La partie postérieure, dit M. Bourguignat (1), est celle où se trouve le plus fort ligament, le plus souvent externe. C'est ordinairement la partie la plus développée, sauf chez les Pisidies, les Sphæries et les Corbicules, où elle est plus courte, ou parfois égale, ou enfin un peu plus forte que la partie antérieure. La partie antérieure est nécessairement l'opposé de la postérieure. Je place l'Acéphale debout sur son bord palléal, les sommets au-dessus, la partie postérieure de mon côté et l'antérieure en face. Dans cette position, la valve dextre est celle qui correspond à ma droite, la sénestre à ma gauche. Pour prendre la mensuration, je renverse la coquille sur le côté, de manière à avoir la partie antérieure à ma gauche, la postérieure à ma droite, de façon à ce que les sommets soient culminants. J'abaisse alors une perpendiculaire juste dans mon rayon visuel, perpendiculaire qui, des sommets tombe sur un point quelconque du bord palléal. Or, toute la région à gauche de cette ligne devient pour moi la partie antérieure, toute celle de droite, la postérieure. Je prends sur cette perpendiculaire le point de la plus grande distance du bord antérieur, et,

(1) Bourguignat, 1881, *Matériaux pour servir à l'histoire des Mollusques acéphales du système européen*, p. 6.

de ce même point, celui du rostre postérieur; je tire ensuite une ligne de ce rostre aux sommets, ce qui me donne, au moyen de ces mesures, quatre points fixes, ce sont les points fondamentaux de la forme d'une espèce. Une fois qu'on les connaît, qu'on les a marqués sur le papier, il est facile, au moyen des lignes secondaires, d'arriver au tracé exact des contours. »

Ceci étant admis, nous allons donner un exemple du tracé graphique d'une de nos espèces nouvelles l'*Unio exauratus*. Cette coquille étant placée comme nous venons de l'indiquer, nous relèverons les cotes suivantes :

Longueur maximum.	54	millimètres
Hauteur maximum (à 15 de la perpendiculaire). .	29	—
Hauteur de la perpendiculaire.	28 1/2	—
Épaisseur maximum (point maximum de la convexité : à 10 de la perpendiculaire; à 15 des sommets; à 28 du rostre; à 27 du bord antérieur; à 15 de l'angle postéro-dorsal; à 20 de la base de la perpendiculaire.	17	—
Corde apico-rostrale. . . . :	42	—
Distance des sommets à l'angle postéro-dorsal. . .	22 1/2	—
Distance de cet angle au rostre.	22	—
Distance du rostre à la perpendiculaire.	36	—
Distance de la base de la perpendiculaire à l'angle postéro-dorsal.	33	—
Région antérieure.	17	—
Région postérieure.	38	—

Comment, avec ces données et celles relevées dans la description, devons-nous nous y prendre pour tracer graphiquement le contour de cette coquille? — 1° Étant donné un point A qui représentera la position du sommet, abaissons une perpendiculaire AB mesurant 28 1/2 millimètres; nous aurons ainsi la position du point B. — 2° Du point A, avec une ouverture de compas égale à la cote donnée par la distance des sommets à l'angle postéro-dorsal, soit 22 1/2, traçons un arc de cercle; du point B, avec une ouverture de compas égale à la côte de la distance de la base de la perpendiculaire à l'angle postéro-dorsal, soit 33, traçons un second arc de cercle qui coupera le premier au point C; ce point C représente la position exacte de l'angle postéro-dorsal. — 3° Du point C ainsi déterminé, avec une ouverture de compas égale à la cote de la distance de l'angle postéro-dorsal au rostre, soit 22, traçons un arc de cercle; du point A, avec une ouverture de compas égale à la cote de la distance des sommets au rostre, ou corde apico-rostrale, soit 42, traçons un second arc de cercle qui vient recouper le premier au point D; ce point représentera la position exacte du rostre postérieur.

Pour obtenir la position du rostre antérieur, du point D ainsi déterminé et avec une ouverture de compas égale à la cote de la région postérieure, soit 38, traçons un arc de cercle qui vient recouper la perpendiculaire au point E; de ce point élevons une perpendiculaire égale à la cote de la région antérieure, soit 17, et nous aurons au point F la position exacte du rostre antérieur.

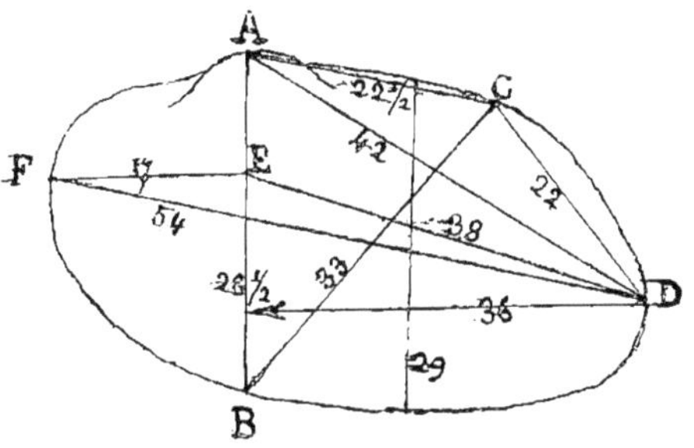

Notre contour est donc déjà indiqué par cinq points principaux; avec les indications données par la description, il nous sera dès lors facile de procéder au tracé définitif de la périphérie de notre Nayade. En effet, on esquissera les sommets conformément à la description qui nous les montre plus ou moins saillants ou déprimés, larges ou renflés; le profil du bord supérieur est également décrit; il est suivi, à gauche, par le contour de la région antérieure dont le point maximum de la saillie est déjà tracé; si ce contour présente quelque irrégularité, un second point nous sera donné par la cote de la longueur maximum de la coquille. En effet, plus la région antérieure a son profil retroussé dans le haut, plus la ligne qui marque la longueur maximum se relève. C'est ce que nous voyons par exemple chez les *Unio Frayssianus* et *U. Meyrannensis*. On aura donc, dans ce cas, un second point du contour de la région antérieure en traçant du point D comme centre et avec une ouverture de compas égale à la côte de la longueur maximum, un arc de cercle; la courbe du profil de la région antérieure qui passe par les points B et F, et qui se raccorde avec la ligne du bord supérieur au voisinage du point A, devra être tangente intérieurement à cet arc de cercle.

Dans la description, on donne également l'allure du bord inférieur, qui peut être droit ou sinueux, concave ou convexe. Si la hauteur maximum de la coquille est différente de la hauteur de la perpendiculaire, comme cela arrive assez souvent, on aura une nouvelle indication à suivre pour le tracé de la courbure. Enfin le tracé de la région postérieure sera facile à exécuter, puisque, outre les indications données par la description, nous connaissons déjà la position de trois points de la courbe. Il va sans dire que d'un côté des sommets à l'autre, en passant par la région basale, la courbe doit être continue et régulière; si une angulosité doit exister en dehors de l'angle postéro-dorsal, c'est à la rencontre du bord supérieur avec le contour de la région antérieure; cette angulosité est toujours indiquée dans la description.

Enfin, dans le cas où l'on voudrait exécuter soit le profil en travers, soit le modelé de la coquille, la position du point maximum de la convexité est très suffisamment indiquée par les nombreuses cotes inscrites sur la rubrique de l'épaisseur maximum.

On voit ainsi tout le parti que l'on peut tirer de ce mode de tracé graphique aussi simple que pratique, si heureusement imaginé par M. Bourguignat. Il nous dispense de toute figuration, chose toujours onéreuse dans une publication du genre de celle que nous avons entreprise. Mais comme, en outre, beaucoup de formes anciennement connues sont déjà figurées, et que toutes nos espèces sont groupées de manière à former une sorte de chaînon continu, ceux de nos lecteurs qui se refuseront à suivre les indications du tracé graphique pourront encore retrouver d'utiles analogies dans les formes déjà reproduites dans les anciennes iconographies.

Lyon, avril 1889.

CONTRIBUTIONS A LA FAUNE MALACOLOGIQUE FRANÇAISE

CATALOGUE

DES

ESPÈCES FRANÇAISES APPARTENANT AUX GENRES

MARGARITANA ET UNIO

CONNUES JUSQU'A CE JOUR

Genre MARGARITANA, Schumacher.

1817. *Essai nouv. syst. Vers testacés*, p. 123.

Margaritana margaritifera, LINNÉ.

Mya margaritifera, Linné, 1758. *Syst. nat.*, édit. X, p. 671.
Unio margaritiferus, Philipsson, 1788. *Nov. test. gen.*, p. 16 (*n.* Nils.)
— *margaritifera*, Cuvier, 1798. *Tabl. élem.*, p. 425 (*n.* Drap.)
Margaritana fluviatilis, Schumacher, 1817. *Ess. syst. test.*, p. 124.
Alasmodon margaritiferum, Fleming, 1828. *Brit. anim.*, p. 417.
Unio margaritifer, Rossmässler, 1835. *Iconogr.*, I, p. 130, pl. IV, fig. 12. — Jeffreys, 1862. *Brit. conch.*, I, p. 37, pl. II, fig. 3. — Reeve, 1863. *Land fresch. moll.*, fig. 223.
Margaritana margaritifera (pars), Dupuy, 1852. *Hist. moll.*, p. 633, pl. XXII, fig. 14, 15. — Locard, 1882. *Prodr.*, p. 282.

Les ruisseaux à fond sablonneux de la France septentrionale (1).

(1) C'est presque avec un point de doute que nous inscrivons cette espèce dans notre catalogue des mollusques de France. Le véritable type de Linné vit en Suède, en Finlande, en Danemark, en Écosse, etc. Cependant nous avons vu un échantillon de la collection de Michaud portant pour toute indication locale Manche, et qui peut être rapporté au véritable *Margaritana margaritifera*. La plupart des échantillons français inscrits sous ce nom dans les collections sont des *Margaritana elongata*.

Margaritana elongata, DE LAMARCK.

Mya margaritifera (*non* Linné), Pennant, 1777. *Brit. zool.*, IV, p. 67, pl. XLIII, fig. 18. — Da Costa, 1778. *Brit. conch.*, p. 225, pl. XV, fig. 3.

Unio elongata, de Lamarck, 1819. *Anim. s. vert.*, VI, I, p. 70, n° 2. — Michaud, 1831. *Compl. Hist. moll.*, p. 113, pl. XVI, fig. 29.

— *margaritifera*, C. Pfeiffer, 1821. *Syst. Land-Schneck.*, I, p. 116, pl. V. fig. 11.

— *margaritifer*, Rossmässler, 1835. *Iconogr.*, II, p. 21, pl. IX, fig. 129. — Moquin-Tandon, 1855. *Hist. moll.*, II, p. 566, pl. XLVII.

Alasmodon elongatus, Thompson, 1840. *In Ann. nat. hist.*, VI, p. 200.

Alasmodonta margaritifera, Forbes et Hanley, 1853. *Brit. moll.*, II, p. 147, pl. XXXVIII.

Margaritana margaritifera (pars), Dupuy, 1852. *Hist. moll.*, p. 623, pl. XXII, fig. 16. — Locard, 1882. *Prodr.*, p. 282.

Alasmodon margaritiferus, Turton, 1857. *Man. Land. Brit.*, p. 277, pl. II, fig. 9.

Dans les torrents et les cours d'eau sablonneux, principalement dans les régions montagneuses : les affluents de la Loire, en Auvergne; le Furens (Loire)(1); l'Ance, à Viverols; la Dore, à Courpierre; la Doloire, à Novacelle (Puy-de-Dôme); la Loire, l'Arzon, le Lignon, etc., (Haute-Loire); l'Aveyron, aux environs de Rodez; la Truyère, le Tarn (Aveyron) [Locard]; le Viaur [Bonhomme], au Pont-long [Mermet] (Aveyron); Vic-de-Bigorre[Dupuy], les affluents de la Garonne [Loc.] (Hautes-Pyrénées); les affluents de l'Allier, la Bèbre, l'Aumance, le Sichon (Allier); la Creuse et ses affluents (Creuse) [Loc.]; la Valogne (Vosges) [Puton]; la Grande-Verrière (Saône-et-Loire) [Grognot]; la Vire (Calvados) [de l'Hôpital, Loc.]; les Loches-Marchis, dans le Héron (Manche); la Rouvre, près Bréel (Orne) [Loc.]; etc. (2).

Margaritana Roissyi, MICHAUD.

Unio Roissyi, Michaud, 1831. *Compl. Hist. moll.*, p. 112, pl. XVI, fig. 28.

Tour-la-Ville, près de Cherbourg (Manche) [Michaud, Bourguignat]; l'Ance, à Viverols; la Doloire, à Novacelles (Puy-de-Dôme); l'Arzon; la

(1) Le *Margaritana elongata* vivait autrefois dans Saint-Étienne même; il a aujourd'hui disparu de ces régions.

(2) Cette espèce vit également en Angleterre, en Suède, en Danemark, etc.

Loire, à Bas-en-Basset (Haute-Loire); Fougères (Ille-et-Vilaine); la Valogne (Vosges) [Loc.]; etc. (1).

Margaritana Michaudi, LOCARD.

Unio elongata, Michaud, 1831. *Compl. Hist. moll.*, p. 113, pl. XVI, fig. 29, *(non auct.)*.

La Sarsonne, à Ussel (Corrèze) [Michaud, Loc.]; la Bèbre (Allier); l'Ance, près de Viverolles (Puy-de-Dôme); la Vire (Calvados); le Héron, aux Loges-Marche (Manche) [Loc.]; etc.

Margaritana Pyrenaica, BOURGUIGNAT.

Margaritana Pyrenaica, Bourguignat, 1879. *Nov. sp.*

Vic-de-Bigorre (Hautes-Pyrénées) [Bourguignat]; Carcenac (Aveyron); l'Ance, près de Viverolles (Puy-de-Dôme) [Loc]; etc.

Margaritana brunnea, BONHOMME.

Unio margaritifer, var. minor, Rossmässler, 1835. *Iconogr.*, I, p. 21, pl. IX, fig. 129.
— *brunnea*, Bonhomme, 1840. *Moll. biv. Rodez*, *in Mem. Soc. Aveyr.*, II, p. 430.

Le Viaur (Aveyron) [Bonhomme, Bourguignat]; l'Echez, à Vic-de-Bigorre, au Pont Long (Hautes-Pyrénées) [Dupuy, Moquin]; etc.

Genre UNIO, Philipsson.

1788. *Dissert. hist. nat. sist. nov. test. gen.*, p. 16.

A. — Groupe de l'*U. margaritanopsis*.

Unio margaritanopsis, LOCARD.

Unio margaritanopsis, Locard, 1888. *Nov. sp.*

Le Lot, à Aiguillon (Lot-et-Garonne) [Loc.].

(1) On trouve également cette forme en Suède, etc.

B. — Groupe de l'*U. sinuatus* (1)

Unio sinuatus, de Lamarck.

Unio rugosa, Poiret, 1805. *Coq. de l'Aisne, Prodr.*, p. 105 *(non Mya rugosa*, Gmelin).

Unio margaritifera, Draparnaud, 1805. *Hist. moll.*, p. 132, pl. X, fig. 8, 16, 19 *(non* Cuvier, *nec auct.)*.

— *sinuata*, de Lamarck, 1819. *Anim. sans vert.*, VI, I, p. 70.

— *margaritiferus*, Nilsson, 1822. *Moll. Succ.*, p. 103 *(non* Philip.).

— *crassissima*, de Férussac, 1827. *Ex* Des Moulins, *Moll. Gir*, p. 42.

— *sinuatus*, Dupuy, 1852. *Hist. moll.*, p. 630, pl. XXIII, fig. 7. — Rossmässler, 1854. *Iconogr.*, III, p. 38, pl. LXX, fig. 853. — Moquin-Tandon, 1855. *Hist. moll.*, II, p. 567, pl. XLVIII, fig. 1-3. — Drouët, 1857. *Unios France*, p. 61, pl. II. — Locard, 1882. *Prodr.*, p. 283.

Les eaux profondes des grands cours d'eau : La Somme, à Abbeville (Somme); la Seine, à Paris; la Seine, au Pecq, à Poissy (Seine-et-Oise); la Seine, à Saint-Lyé, près Troyes (Aube) [Bourguignat]; l'Aisne [Poiret]; le Doubs; la Saône, à Pontarlier (Doubs); la Saône, à Saint-Jean-de Losne (Côte-d'Or); la Saône, à Châlon-sur-Saône (Saône-et-Loire); la Saône, au nord de Lyon et à Lyon (Rhône) [Loc.]; la Garonne, à la Réole (Haute-Garonne) [Bourg.]; le Rhin, la Seine, la Somme, la Loire, le Rhône, la Dordogne, le Tarn, la Garonne, la Charente, l'Adour, etc. [pars auct.]; etc.

C. — Groupe de l'*U. rhomboideus* (2).

Unio rhomboideus, Schröter.

Mya rhomboidea, Schröter, 1779. *Flussconch.*, p. 186, pl. II, fig. 3.

Unio littoralis, Cuvier, 1798. *Tabl. élém.*, p. 425. — Draparnaud, 1805. *Hist. moll.*, p. 133, pl. X, fig. 20. — Dupuy, 1852. *Hist. moll.*, p. 632, pl. XXIII, fig. 8; pl. XXIV, fig. 5, 6, 8. — Drouët, 1857. *Unios France*, pl. III, fig. 1.

Mya crassa, Vallot, 1801. *Exerc. hist. nat.*, p. 7.

Unio subtetragonus, Michaud, 1831. *Compl. Hist. moll.*, p. 111, pl. XVI, fig. 23.

— *Draparnaldi*, Deshayes, 1831. *Coq. terr.*, p. 38, pl. XIV, fig. 6.

(1) Groupe européen des *Baryana* Bourguignat.
Le type de ce groupe est l'*Unio Baryus* Bourg., de l'Euphrate.

(2) Groupe européen des *Rhomboidiana* Bourguignat, 1881.

Unio Pianensis, Farines, 1833. *In* Boubée, *Bull. Hist. nat.*, p. 27. — 1834. *Coq. viv.*, fig. 1-3.
— *Barraudii*, Bonhomme, 1840. *In Mem. Soc. Aveyron*, II, p. 430.
— *sinuatus*, Rossmässler, 1835. *Iconogr.*, pl. XIII, fig. 195. — 1853. *Loc. cit.*, pl. LXX, fig. 853.
— *rhomboideus*, Moquin-Tandon, 1855. *Hist. moll.*, II, p. 568, pl. XLVIII, fig. 4-9; pl. XLIX, fig. 1-2. — Locard, 1882. *Prodr.*, p. 283.

Presque toutes les rivières et les cours d'eau de France.

Unio rathymus, BOURGUIGNAT.

Unio rathymus, Bourguignat, 1882. *In* Locard, *Prodr.*, p. 284 et 354.

La Seine, au Pecq et à Poissy (Seine-et-Oise); la Seine, à Troyes (Aube) [Bourguignat]; la Marne, à Chelles, Lagny, Carnetin, Meaux, etc. (Seine et-Marne); la Marne, à Châlons-sur-Marne, Épernay, etc., (Marne); Joinville-en-Vallage (Haute-Marne); Domsure (Jura); la Loire, en face de Montbrison et à Villerest (Loire); la Saône, à Neuville, Saint-Germain-au-Mont-d'Or, Couzon, Collonges, etc. (Rhône); le lac du Bourget (Savoie); le lac d'Annecy (Haute Savoie) [Loc.]; etc. (1).

Unio Moulinsianus, DUPUY.

Unio Moulinsianus, Dupuy, 1852. *Hist. moll.*, p. 640, pl. XXIV, fig. 10.
— *littoralis, var.*, Drouët, 1857. *Unios France*, pl. III, fig. 2.

Le Cher [Dupuy]; la Creuse, à Guéret (Creuse) [Drouët]; etc. (2)

Unio Bigorriensis, MILLET.

Unio Bigerrensis, Millet, 1843. *In Mag. zool.*, p. 3, pl. LXIV. fig. 2. — 1844. *In Mem. Soc. agr. Angers*, p. 124. — Dupuy, 1852. *Hist. moll.*, p. 634, pl. XXIV, fig. 9.
— *rhomboideus (var. Bigerrensis)*, Moquin-Tandon, 1855. *Hist. moll.*, II, p. 569.
— *Bigorriensis*, Locard, 1882. *Prod.*, p. 284.

L'Adour, à Bagnères-de-Bigorre, Tarbes, etc. (Hautes-Pyrénées) [Millet]; la plupart des petites rivières, des ruisseaux des Hautes et Basses-Pyrénées; l'Echez, à Vic-de-Bigorre [Dupuy]; ruisseau d'Urdache, près Bayonne [Bourguignat]; etc. (3).

(1) Cette même espèce a été trouvée en Portugal, dans l'Ocresa (Bourg.).
(2) Cette espèce vit également en Espagne et en Portugal (Bourg.).
(3) Cet Unio existe également en Espagne et en Portugal (Bourg.).

D. — Groupe de l'*U. rotundatus* (1).

Unio Astierianus, Dupuy.

Unio cuneatus, Jacquemin, 1835. *Guide voy. Arles*, p. 124 (*non* Barnes).
— Rossmässler, 1854. *Iconogr.*, III, p. 37, pl. LXIX, fig. 815.
— Locard, 1882. *Prodr.*, p. 284.
— *Astierianus*, Dupuy, 1852. *Hist. moll.*, p. 636, pl. XXIII, fig, 9.

Étang de Meyranne, dans la Crau, près d'Arles (Bouches-du-Rhône) [Jacquemin, Dupuy, Bourguignat].

Unio rotundatus, Mauduyt (2).

Unio rotundata, Mauduyt, 1839. *Moll. Vienne*, p. 9, pl. I, fig. 3-4.
— *Batavus (juv.)*, Moquin-Tandon, 1855. *Hist. moll.*, II, p. 573.
— *rotundatus*, Locard, 1882. *Prodr.*, p. 284.

La Maine, à Angers (Maine-et-Loire) [Bourguignat]; la Creuse ; la Gartempe, à Montmorillon (Vienne) [Mauduyt] ; le Doubs et ses affluents, aux environs de Pontarlier (Doubs); la Saône, à Châlon-sur-Saône et à Tournus; la Grosne à Marnay (Saône-et-Loire); la Saône, à Saint-Germain-au-Mont-d'Or, Couzon, Collonges, etc. (Rhône) [Loc.]; Étang de Meyranne (Bouches-du-Rhône) [Bourguignat]; canal de Fresquel (Aude); la Garonne, près la Réole (Gironde) [Loc.]; etc.

Unio Pacomei, Bourguignat.

Unio Pacomei, Bourguignat, 1888. *Nov. sp.*

La Saône, à Saint-Germain-au-Mont-d'Or [Bourguignat], à Couzon, à Collonges (Rhône); la Saône, à Tournus, Varennes et Châlon-sur-Saône ; la Grosne, à La Ferté et à Marnay (Saône-et-Loire) ; le Rhône, au sud de Vienne (Isère) [Loc.]; etc.

(1) Groupe européen des *Simonisiana* Bourguignat, 1881. — Le type de ce groupe est *Unio Simonis* Tristram, de Syrie.

(2) En réalité le nom d'*Unio rotundata* a été créé pour la première fois par de Lamarck en 1819 (*Anim. sans vert.*, VI, I, p 75, n° 24. — Édit. Deshayes, 1835, VI, p. 538, n° 24), d'après deux échantillons de provenances inconnues des cabinets de Daudebard de Férussac et de Faujas. Mauduyt a donné une description et une très bonne figuration d'une forme connue, facile à retrouver; nous avons donc cru devoir lui attribuer définitivement la paternité du véritable *Unio rotundatus*.

E. — Groupe de l'*U. nanus* (1).

Unio nanus, DE LAMARCK.

Unio nana, de Lamarck, 1819. *Anim. sans vert.*, VI, I, p. 76.
— *nanus*, Dupuy, 1852. *Hist. moll.*, p. 640 *(pars, excl. fig.)*. — Drouët, 1857. *Unios France.*, pl. V, fig. 2. — Bourguignat, 1864. *Malac. Aix-les-Bains*, p. 74, pl. III, fig. 1-8. — Locard, 1882. *Prodr.*, p. 291.

Rivière de la Vacherie, près Troyes (Aube); le Tillet, près Aix-les-Bains (Savoie) [Bourguignat]; l'Orne, à Sainte-Croix-sur-Orne (Orne); Marboz (Jura); le Doubs, près Pontarlier (Doubs); le Sarron, la Brizotte, l'Ouche, la Borne, près d'Auxonne (Côte-d'Or); le Rhône, près de Culoz (Ain); l'Amboise (Indre-et-Loire) [Loc.]; la Canne, à Jailly et à Goulnot (Nièvre) [Bourguignat, Loc.]; la Dore, aux environs de Thiers (Puy-de-Dôme); l'Allier, au sud de Moulins (Allier); la Meuse, près Verdun (Meuse) [Loc.]; etc.

Unio Lagnysicus, BOURGUIGNAT.

Unio Lagnysicus, Bourguignat, 1882. *In* Locard, *Prodr.*, p. 291 et 359.
— *suborbicularis*, Drouët, 1888. *In Journ. conch.*, XXXVI, p. 107. — 1889. *Union. bass. Rhône*, p. 55. pl. I, fig. 5 *(var. minor)*.

La Laigne, au Riceys (Aube) [Bourguignat]; la Laigne et les ruisseaux qui s'y jettent, dans l'arrondissement de Châtillon-sur-Seine [Beaudouin]; l'Albane, la Borne, la Brizotte, l'Ouche, la Tille, le Sarron, aux environs d'Auxonne (Côte-d'Or) [Loc.]; Saint-Amour (Jura); la Drée, Condal (Saône-et-Loire); la Meuse, à Commercy et Saint-Mihiel (Meuse) [Loc.]; etc.

Unio Rayi, BOURGUIGNAT.

Unio Rayi, Bourguignat, 1882. *In* Locard, *Prodr.*, p. 291 et 360. — Servain, 1885. *In Bull. Soc. Malac. Franç.*, II. p. 324.

(1) Groupe européen des *Nanusiana* Bourguignat, 1884. — Entre le groupe des *Simonisiana* et celui des *Nanusiana*, se place, dans le système européen, un groupe de nombreuses espèces d'Orient, d'Algérie, d'Espagne, etc. *(Unio Langloisi* Brgt., du Cydnus; *U. Acarnanicus* Drouët, de Grèce; *U. Ksibianus* Mousson, d'Algérie; *U. odontopachius* Brgt., d'Algérie; *U. Jolyi* Brgt., d'Algérie; *U. Valeryi* Brgt., de Tunisie; *U. Mauritanicus* Brgt., d'Algérie; *U. Seguyanus* Pechaud, d'Algérie; *U. Cossonianus* Brgt., d'Algérie; *U. Bagnolasicus* Brgt., d'Espagne; *U. Mac-Carthyanus* Brgt., d'Algérie; *U. Bouthyi* Pechaud, d'Algérie; *U. Rothi* Brgt., de Syrie; *U. Delesserti* Brgt, de Syrie; *U. Blanchianus* Letourneux, de Syrie; *U. emesaensis* Lea, de Syrie; *U. abrus* et *U. timius* Brgt., de Syrie) qui forment un passage naturel au groupe des *Nanusiana*.

La Seine, au déversoir de Croncels, à Troyes (1)(Aube) [Bourguignat]; la Marne, à Lagny (Seine-et-Marne); la Meuse, à Saint-Mihiel (Meuse); Saint-Amour, Gigny, etc. (Jura); la Brizotte, près d'Auxonne (Côte-d'Or) [Loc.]; etc. (2).

F. — Groupe de l'*U. melas* (3).

Unio melas, Coutagne.

Unio ater, Moquin-Tandon, 1855. *Hist. moll.*, II. p. 570 (*non* Nilsson).
— *melas*, Coutagne, 1882. *In* Locard, *Prodr.*, p. 285 et 355.

La Clange, dans la forêt de Chaux [Bourguignat, col. Coutagne]; Varennes (Jura); les ruisseaux des environs de Luxeuil; l'Oignon, près de Lure (Haute-Saône); le Mandrezey, à Saulcy-sur-Meurthe; les environs de Saint-Dié (Vosges); la Vezouse et la Mortagne (Meurthe-et-Moselle) [Loc.]; etc.

Unio Dubisianopsis, Locard.

Unio Dubisianopsis, Locard, 1882. *Prodr.*, p. 291 et 360.
— *ampulodon*, Coutagne, 1888. *Mss.*, *teste* Bourguignat.

La Clange, près de Goux [Bourguignat, col. Coutagne]; Bois-Vieux (Jura); Rennes (Doubs) [Loc.]; etc.

Unio zoasthenus, Locard.

Unio zoasthenus, Locard, 1888. *Nov. sp.*

Bois-Vieux; la Bienne, près de Saint-Claude (Jura); la Lanterne (Haute-Saône); la Brizotte, près d'Auxonne (Côte-d'Or); le Sevron, à Marboz (Ain); les Andelys (Eure) [Loc.]; etc.

G. — Groupe de l'*U. mancus* (4).

Unio Pilloti, Bourguignat.

Unio Pilloti, Bourguignat, 1882. *In* Locard, *Prodr.*, p. 291 et 360.

(1) Cette localité type est aujourd'hui détruite par des travaux de construction (Bourg.).
(2) Cette espèce vit également en Suisse dans le lac de Zurich (Servain).
(3) Groupe européen des *Melasiana* Locard, 1888.
(4) Groupe européen des *Mancusiana* Bourguignat, 1884.

La Laigne, aux Riceys (Aube) [Bourguignat]; Passavant (Haute-Saône); Cramans (Jura); Pirajoux (Ain) (1); le Tarn, à Albi (Tarn) [Loc.]; etc.

Unio Jurianus, Locard.

Unio Jurianus, Locard, 1888. *Nov. sp.*

La Valouze, Bois-Vieux (Jura); Rennes (Doubs); Pirajoux (Ain); l'Albane, près d'Auxonne (Côte-d'Or) [Loc.]; etc.

Unio Aturicus, Locard.

Unio Aturicus, Locard, 1889. *Nov. sp.*

L'Adour, le Bahus (Landes) [Loc.].

Unio Dubisianus, Coutagne.

Unio Dubisianus, Coutagne, 1882. *In* Locard, *Prodr.*, p. 291 et 360.

La Loue, à Arc-Senans [Bourguignat]; la Clange, au Moulin-Rolland [col. Coutagne] (Jura); Rennes, l'Ognon (Doubs); la Lanterne (Haute-Saône); Baudoncourt (Vosges) [Loc.]; etc.

Unio subtilis, Drouët.

Unio subtilis, Drouët, 1879. *In Journ. conch.*, XXVII, p. 142. — Locard, 1882. *Prodr.*, p. 286.

L'Allier, au sud de Moulins (Allier); la Dore, près de Thiers; l'Allier, près d'Issoire (Puy-de-Dôme); la Canne, à Jailly, au gué de Chaudeley, à Pontillard (Nièvre); la Loue, Bois-Vieux, Varennes (Jura); Rennes (Doubs); la Brizotte, près d'Auxonne (Côte-d'Or); Baudoncourt (Vosges) [Loc.]; etc., (2).

Unio Carantoni, Coutagne.

Unio Carantoni, Coutagne, 1882. *In* Locard, *Prodr.*, p. 295 et 364.

Canaux de fuite de la Poudrerie, à Angoulême (Charente) [Bourguignat, col. Coutagne]; Tourmont, Saint-Amour, Cramans, Varennes,

(1) Variété *minor*.

(2) M. H. Drouët donne à cette espèce l'habitat suivant : « L'Angleterre (coll. Clark); la France, *passim*. »

Bois-Vieux (1) (Jura); la Loue, à Ornans, Rennes (Doubs); la Brizotte, la Borne, près d'Auxonne (Côte-d'Or) [Loc.]; etc.

Unio mancus, DE LAMARCK.

Unio manca, de Lamarck, 1819. *Anim. sans vert.*, VI, I, p. 80. — Millet, 1843. *In Mag. zool.*, pl. LXIV, fig. 2.
— *mancus*, Dupuy, 1852. *Hist. moll.*, p. 642, pl. XXVIII, fig. 17. — Locard, 1882. *Prodr.*, p. 290.
— *amnicus*, Bourguignat, 1864. *Malac. Aix-les-Bains*, pl. III, fig. 9-11 (2).
— *Batavus*, *var. manca vel mancus*, *pars auct.*

La Drée (Saône-et-Loire) [de Lamarck]; le Tillet, à Cornin, près d'Aix-les-Bains [Millet, Bourguignat]; le lac de Bourget [Loc.] (Savoie); l'Izeron, au-dessus d'Oullins (Rhône); la Brizotte, l'Albane, aux environs d'Auxonne (Côte-d'Or) [Loc.]. — *var. b. Sabaudina* Bourguignat *(in* Locard, 1882, *Prodr.*, p. 359); le Tillet, à Cornin (Savoie) [Bourguignat]; Gigny (Jura); Espalion (Aveyron) [Loc.]; etc. — *var. minor (Loc. cit.)*; la Loue, à Arc-Senans, Bois-Vieux, Gigny (Jura); la Brizotte, l'Albane, près d'Auxonne (Côte-d'Or); l'Izeron, au-dessus d'Oullins (Rhône); le Brémont (Lozère) [Loc.]; etc. (3).

Unio Bourgeticus, BOURGUIGNAT.

Unio Bourgeticus, Bourguignat, 1882. *In* Locard, *Prodr.*, p. 291 et 359.

Le lac du Bourget, près de Cornin (Savoie) [Bourguignat]; le lac d'Annecy, près de Talloires (Haute-Savoie); la Borne, près d'Auxonne (Côte-d'Or) [Loc.]; etc.

Unio manculus, LOCARD.

Unio manculus, Locard, 1889. *Nov. sp.*

La Bienne, près de Saint-Claude; Gigny, Vers, Bois-Vieux (Jura); la Tille, la Brizotte, aux environs d'Auxonne (Côte-d'Or); le Suran (Ain) [Loc.]; etc.

(1) On trouve dans le Jura, notamment à Brainans, Cramans et Bois-Vieux, une *var. minor* un peu plus allongée que le type.

(2) La forme ainsi figurée correspond à la *var. Sabaudina* (Bourg.).

(3) C'est à la suite de l'*Unio mancus* que doit prendre place l'*U. gangrenosus* Ziegler, de Carniole, de Croatie, etc.; nous ne connaissons pas cette forme en France, malgré les indications erronées qui ont été données à ce sujet.

H. — Groupe de l'*U. Giberti* (1).

Unio Baroni, SERVAIN.

Unio Baroni, Servain, 1887. *In Bull. Soc. malac. France*, p. 251.

Étang de Grandlieu (Loire-Inférieure) [Servain, Bourguignat].

Unio Mongazonæ, SERVAIN.

Unio Mongazonæ, Servain, 1887. *In Bull. Soc. malac. France*, p. 253.

Étang de Grandlieu (Loire-Inférieure) [Servain, Bourguignat].

Unio Giberti, LOCARD.

Unio Giberti, Locard, 1889. *Nov. sp.*

La Marne, à Meaux, Lagny, Chelles, etc.; le Grand-Morin, à Coulommiers (Seine-et-Marne); la Seine, à Corbeil (Seine-et-Oise); Le Thérain, près de Beauvais (Oise) [Loc.]; etc.

I. — Groupe de l'*U. Sandriopsis* (2).

Unio Sandriopsis, BOURGUIGNAT.

Unio Sanderi, Bourguignat, 1862. *Malac. Quatre-Cantons*, p. 55. — 1864. *Malac. Aix-les-Bains*, p. 76 (*non U. Sanderi*, Villa; *nec U. Sandrii*, 1884, *in* Rossmässler, *Iconog.*, fig. 748 et 749).
— *Sandrii*, Locard, 1882. *Prodr.*, p. 292.
— *Sandriopsis*, Bourguignat, 1885, *in* Servain, *in Bull. Soc. malac. France*, II, p. 325.

Le lac du Bourget, vis-à-vis Cornin (Savoie) [Bourguignat] (3).

(1) Groupe européen des *Penchinatiana* Bourguignat, 1881.

Ce groupe qui contient des espèces espagnoles et italiennes a pour type l'*Unio Penchinatianus* Bourg., de Catalogne (Bourg.).

(2) Groupe européen des *Sandriana* Bourguignat, 1881.

C'est à ce groupe qu'appartiennent les formes suivantes : *Unio Tiguricus* Servain et *U. Turicus* Servain, des lacs de la Suisse; *U. sericatus* Rossmässler, de Carniole; *U. destructus* Parreys, de Dalmatie; *U. Sandrii* Villa, de Dalmatie (espèce que M. Drouët a publiée à nouveau sous le nom de *U. Dalmaticus*); *U. microdon* Bourguignat, de Dalmatie; *U. decurvatus* Rossmässler, de Carynthie; *U. taphricola* Servain, de Croatie; etc. (Bourg.).

(3) Cette espèce vit également en Suisse, notamment dans le lac de Zurich (Servain) et dans le lac de Neuchâtel.

Unio macrorhynchus, Bourguignat.

Unio ater, Bourguignat, 1864. *Malac. Aix-les-Bains*, p. 75. (*non* Nilson).
— *macrorhynchus*, Bourguignat, 1882. *In* Locard, *Prodr.*, p. 292, et 361.

Le Lac du Bourget, sur les bas-fonds, vis-à-vis Puer et Cornin (Savoie) [Bourguignat].

Unio necomensis, Drouet.

Unio Batavus, *var. ostiorum*, Brot. *Mss.*, *teste* Servain.
— *necomensis*, Drouët, 1881. *In Journ. conch.*, XXIX, p. 247. — Kobelt, 1885. *Iconogr.*, fig. 276.
— *ostiorum*, Servain, 1885. *In Bull. Soc. malac. France*, II, p. 327.

La Marne, à Meaux et à Lagny (Seine-et-Marne) [Loc.]; la Saône, à Saint-Germain-au-Mont-d'Or [Bourguignat]; à Neuvillle, Couzon, Collonges, Lyon (Rhône) [Loc.]; la Saône, à Mâcon et à Tournus (Saône-et-Loire) [Loc.]; etc (1).

J. — Groupe de l'*U. fusculus* (2).

Unio fusculus, Ziegler.

Unio fusculus, Ziegler, 1836. *In* Rossmässler, *Iconogr.*, III, p. 30, pl. XV, fig. 211. — Locard, 1882. *Prodr.*, p. 290.
— *Courtilieri*, Bon Hatteman, 1859. *In Soc. Linn. Maine-et-Loire*, p. 232, fig. (3).

La Seine, à Poissy (Seine-et-Oise); l'Albane (Côte-d'Or); la Laignes, aux Riceys (Aube); la Maine, à Angers (Maine-et-Loire) [Bourguignat]; la Meuse, à Saint-Mihiel et près de Verdun (Meuse); la Loire, près de Gien (Loiret); la Saône, à Châlon-sur-Saône, à Tournus, à Asnière, près Mâcon (Saône-et-Loire); la Saône, au nord de Lyon, à

(1) Le type vit en Suisse (Brot, Drouët, Servain).

(2) Groupe européen des *Fusculusiana* Bourguignat, 1881.

Les principales espèces de ce groupe sont : *Unio ovatus* de Charpentier, du lac de Zurich ; *U. aporus* Servain, de Croatie ; *U. Bosnicus* Bourg. (*U. Bosnensis* Mollendorf), de Bosnie; *U. Duregicus* Servain, de Suisse ; etc.

(3) De Joannis (*Nayades Maine-et-Loire*, p. 25, pl. IX, fig. 3) a dénaturé cette espèce en lui appliquant des caractères qui ne lui conviennent pas, et en donnant une figuration inexacte. La *var. Courtilieri* de Joannis n'est qu'une variété de l'*Unio Batavus*.

Saint-Germain-au-Mont-d'Or, Couzon, Collonges, Lyon, etc. (Rhône); les délaissés du Rhône, à Culoz et à Seyssel (Ain) [Loc]; etc. (1).

Unio ovatus, SERVAIN.

Unio Batavus var. ovatus, de Charpentier, 1837. *Cat. Moll. Suisse*, p. 24, pl. II, fig. 20.
— *ovatus*, Servain, 1885. *In Bull. Soc. malac. France*, IV, p. 332.

La Seine, à Poissy (Seine-et-Oise) [Bourguignat]; les Andelys (Eure); la Marne, à Meaux (Seine-et-Marne) [Loc.]; etc. (2).

Unio Carcasinus, SOURBIEU.

Unio Carcasinus, Sourbieu, 1887. *In Bull. Soc. malac. France*, IV, p. 235.

Canal du Midi, à Carcassonne (Aude) [Sourbieu, Bourguignat]; Roppe, la Savoureuse, près Belfort [Loc.]; etc.

Unio Catalaunicus, COUTAGNE.

Unio Catalaunicus, Coutagne, 1888. *Nov. sp.*

La Marne, à Châlons-sur-Marne (Marne) [col. Coutagne, Bourguignat]; la Marne, à Chelles (Seine-et-Marne); la Marne et la Seine, à Charenton (Seine) [Loc.]; etc.

Unio piscinalis, ZIEGLER.

Unio piscinalis, Ziegler, 1836. *In* Rossmässler, *Iconogr.*, II, p. 30, pl. XV, fig. 210.

La Marne, à Chaumont (Haute-Marne); la Marne, à Lagny et à Meaux; le Grand-Morin, à Coulommiers (Seine-et-Marne); la Loire, à Orléans (Loiret); la Saône, à Mâcon (Saône-et-Loire); la Saône, à Lyon (Rhône); le Rhône, au Pont de Cordon (Isère); la Brizotte, près d'Auxonne (Côte-d'Or [Loc.]; etc. (3).

(1) Le type vit en Allemagne (Rossmässler).
(2) Le type vit dans le lac de Neuchâtel en Suisse (de Charp.); M. le docteur Servain l'a retrouvé près de Rapperschwyl.
(3) Le type de cette espèce vit près de Laibach, dans la Carniole

Unio pruinosus, SCHMIDT.

Unio pruinosus, Schmidt, 1840. *In Bull. Soc. nat. Moscou*, p. 445, pl. IX, fig. 3.

La Saône, la Borne, l'Albane, la Brizotte, aux environs d'Auxonne (Côte-d'Or); Bois-Vieux (Jura) [Loc.]; etc. (1).

Unio reniformis, SCHMIDT.

Unio reniformis, Schmidt, 1838. *In* Rossmässler, *Iconogr.*, III, p. 31, pl. XV, fig. 213. — Schmidt, 1840. *In Bull. Soc. nat. Moscou*, pl. IX, fig. 2. — Locard, 1882. *Prodr.*, p. 290.

L'Albane (Côte-d'Or); les ruisseaux de la Saulée d'Oullins (Rhône) [Loc.] (2).

K. — Groupe de l'*U. Socardianus* (3).

Unio Feliciani, BOURGUIGNAT.

Unio Feliciani, Bourguignat, 1882. *In* Locard, *Prodr.*, p. 285 et 355.

La Moselle, à Metz; la Seine, au Pecq, près de Saint-Germain (Seine-et-Oise) [Bourguignat]; la Moselle, à Toul (Meurthe); la Somme, à Abbeville et à Amiens (Somme); l'Eure, près d'Évreux; la Rille, à Pont-Audemer (Eure); la Marne, à Châlons-sur-Marne, Meaux, Lagny, Chelles, etc.; le Grand-Morin, à Coulommiers (Seine-et-Marne); l'Essonne, près de Corbeil (Seine-et-Oise) [Loc.]; etc. (4).

Unio Socardianus, BOURGUIGNAT.

Unio Socardianus, Bourguignat, 1882. *In* Locard, *Prodr.*, p. 286 et 355.

La Moselle, à Metz [Bourguignat] (5).

(1) Le type vit en Carniole et dans la Carinthie.

(2) Le type vit dans un ruisseau qui sort du lac Veldeser et se jette dans la Save, en Autriche (Schmidt).

M. H. Drouët (1881. *In Journ. conch.*, t. XXIX, p. 248) indique cette même espèce dans les localités suivantes : l'Albane, à Belleneuve (Côte-d'Or); la Seine, à Troyes (Aube); l'Isère, à Pontcharra (Isère); mais comme la description qu'il en donne ne répond pas exactement à celle de Schmidt, nous faisons toutes nos réserves relativement à ces indications de localité.

(3) Groupe européen des *Socardiana* Bourguignat, 1881.

C'est dans ce groupe qu'il convient de ranger l'*Unio oriliensis* Stabile, de Lombardie, etc. (Bourg.).

(4) On retrouve également cette espèce dans le Mein à Francfort (Servain).

(5) Cette espèce vit également dans le Mein à Francfort (Servain).

Unio subrobustus, BOURGUIGNAT.

Unio Batavus, Miller, 1873. *Schalth. Bodensee's*, pl. II, fig. 8 (*non* Lamarck).
— *subrobustus*, Bourguignat, 1855. *In Bull. Soc. malac. France*, II, p. 332.

La Marne à Châlons-sur-Marne (Marne); la Marne, à Lagny et à Meaux (Seine-et-Marne); le Pecq (Seine-et-Oise); Charenton (Seine); Montargis (Loiret); la Grosne, à La Ferté et à Marnay (Saône-et-Loire) [Loc.]; etc. (1).

Unio corrosus, VILLA.

Unio corrosus, Villa, 1841. *Disp. syst. conch.*, p. 61. — Locard, 1882. *Prodr.*, p. 266. — Bourguignat, 1883. *Union. pen. ital.*, p. 16.

L'Oignon (Doubs); la Saône, à Collonges (Rhône) [Loc.] (2).

L. — Groupe de l'*U. crassus* (3).

Unio crassus, PHILIPSSON.

Unio crassus, Philipsson, 1788. *Nov. test. gen.*, p. 17. — Rossmässler. 1835. *Iconogr.*, III, pl. VIII, fig. 126, 127. — Moquin-Tandon, 1855. *Hist. moll.*, II, p. 570, pl. XLIX, fig. 3, 4, (*mala*). — Locard, 1882. *Prodr.*, p. 285.

L'Erve, près de Chéméré-le-Roy (Mayenne); la Canne, à Saint-Saulge (Nièvre) [Bourguignat]; le Cher, à Montluçon; l'Aumance, à Cosne (Allier); le canal du Berry, à Bourges (Cher); la Loire, à Orléans; le canal de Briarre, à Montargis (Loiret); le Loiret, à Châteaudun (Eure-et-Loir); la Seine, à Courtenot (Aube); la Meurthe, à Nancy et à Lunéville (Meurthe); la Moselle, à Metz [Loc.]; etc. (4).

(1) Le type de l'*Unio subrobustus* vit dans le lac de Sempach, d'ou il a été autrefois adressé par le docteur Brot, au savant professeur Deshayes, sous le nom d'*Unio Batavus*. Le docteur Servain l'a signalé dans la presqu'île de Hurden, à l'extrémité du pont de Rapperschwyl, dans le lac de Zurich; on le trouve également, d'après le même auteur, dans le lac de Constance. La forme française que nous indiquons répond à une *var. curta*.

(2) Le type vit en Lombardie, notamment dans le lac de Pusiano; d'après M. Bourguignat nos individus français se rapportent à une *var. minor*.

(3) Groupe européen des *Crassiana* Bourguignat.

(4) Cette espèce parait très répandue; on la rencontre en Suède, en Danemark, en Allemagne (Servain, Schröder), et jusque dans le bas Danube (Bourg.).

Unio crassatellus, Bourguignat.

Unio crassatellus, Bourguignat, 1882. *In* Locard, *Prodr.*, p. 286 et 356.

La Drée, à Épinac (Saône-et-Loire); la Canne, à Jailly (Nièvre); le canal du Cher, à Montluçon (Allier); la Dore, près de Thiers; l'Allier, à Issoire (Puy-de-Dôme); le canal de Briarre, à Montargis (Loiret); la Loire, à Orléans (Loiret); les environs de Beauvais (Oise); l'Odon, à Baron, près Caen (Calvados) [Loc.]; etc. (1).

Unio Hamburgiensis, Servain.

Unio Hamburgiensis, Servain, 1888. *In Bull. Soc. malac. France*, V, p. 315.

La Loire, à Villerest (Loire); la Canne, à Pontillard (Nièvre) [Loc.]; etc. (2).

M. — Groupe de l'*U. amnicus* (3).

Unio amnicus, Ziegler.

Unio amnicus, Ziegler, 1836. *In* Rossmässler, *Iconogr.*, III, p. 31, pl. V, fig. 212 *(mala)*. — Locard, 1882. *Prodr.*, p. 290.
— *reductus*, Drouët, 1889. *Union. bass. Rhône*, p. 57, pl. I, fig. 2.

Marboz (Jura); la Seine, à Troyes; la Laignes, aux Riceys, près de Troyes (Aube); la Seine, à Paris; la Seine, à Poissy (Seine-et-Oise); la Moselle, à Metz; l'Albane [Bourguinat]; l'Ource, à Vanvey [Beaudouin]; l'Armançon, à Montbart; la Saône, à Seurre; l'Albane, la Brizotte, près d'Auxonne (Côte-d'Or); la Veyle, près de Mâcon (Ain); La Drée, à Épinac; la Saône, à Tournus et à Châlon; la Grosne, à La Ferté et à Marnay (Saône-et-Loire); la Loue (Jura); la Saône, au nord de Lyon, à l'Ile-Barbe, Collonges, Couzon, etc.; le parc de la Tête-d'Or, à Lyon (Rhône); le Rhône, à Irigny (Rhône); la Canne, à Jailly (Nièvre); le Loir, à Châteaudun (Eure-et-Loir); la Vienne, à Chinon, (Indre-et-Loire); les environs de Châteauroux (Indre); l'Orbec, à Lisieux (Calvados); [Loc.]; etc. (4).

(1) Le type de l'*Unio crassatellus* se trouve en Carinthie (Bourg.).

(2) Le type de cette espèce vit dans l'Elbe, près Steinwarder (Servain).

(3) Groupe européen des *Amnicusiana* Bourguignat, 1881.

Les *Unio glaucinus* Ziegler, de Lombardie; *U. dilophius* Bourguignat, de Croatie; *U. Bartani* Bourg., de Crimée; *U. Bruguierianus* Bourg., de Brousse en Anatolie; etc, appartiennent également à ce groupe.

(4) On trouve également l'*Unio amnicus* en Suisse (Servain), en Carinthie et dans le nord de l'Allemagne (Rossmässler).

Unio subamnicus, Locard.

Unio subamnicus, Locard, 1888. *Nov. sp.*

La Marne, à Lagny et à Chelles (Seine-et-Marne); le Doubs, près Besançon (Doubs); la Saône, à Châlon-sur-Saône; le Grosne, à Marnay (Saône-et-Loire); la Saône, à Collonges et à Lyon (Rhône); la Saône, la Brisotte, la Borne, la Tille, près d'Auxonne (Côte-d'Or); la Saône, à Gray (Haute-Saône) [Loc.]; etc. (1).

Unio Berthelini, Bourguignat.

Unio Berthelini, Bourguignat, 1882. *In* Locard, *Prodr.*, p. 290 et 359.

Déversoir de la Seine, à Croncels, près de Troyes (Aube) [Bourguignat]; la Marne, à Charenton, près de Paris; le Sarron, la Brizotte, l'Albane, près d'Auxonne (Côte-d'Or); la Mouge (Saône-et-Loire) [Loc.]; etc.

Unio minutulus, Ray.

Unio minutus, Ray, 1881. *In* Locard, *Prodr.*, p. 290 *(s. descr.)*.
— *minutulus*, Ray, 1888. *In* Servain, *Bull. Soc. malac. France*, V, p. 316.

La Seine, au déversoir de Croncels, près de Troyes (Aube) [Bourguignat].

Unio riparius, C. Pfeiffer.

Unio riparia, C. Pfeiffer, 1821. *Syst. Land. Susswo.*, p. 118, pl. V, fig. 13.
— *riparius*, Scholtz, 1843. *Schlesiens Moll.*, p. 129. — Locard, 1881. *Prodr.*, p. 290.

Le Tillet, près d'Aix-les-Bains (Savoie); l'Albane (Côte-d'Or) [Bourgnignat]; la Marne, à Chaumont (Haute-Marne); la Marne, à Meaux, à Lagny, (Seine-et-Marne); la Loue; Saint-Amour, Villeneuve (Jura); la Seine, à Châtillon-sur-Seine (Côte-d'Or); la Seine, à Troyes (Aube); les Avenières; l'Isère, près de Grenoble (Isère); la Drée, à Épinac (Saône-et-Loire); la Loire, à Nantes (Loire-Inférieure); la Vienne, à Poitiers (Vienne); Espalion (Aveyron) [Loc.]; etc. (2).

(1) Nous possédons cette espèce du lac d'Yverdun, dans le canton de Vaud en Suisse.

(2) Le type vit dans l'Allemagne du Nord; on retrouve également cette même espèce en Suisse, dans le lac de Zurich (Servain).

N. — Groupe de l'*U. Locardianus* (1).

Unio Locardianus, Bourguignat.

Unio Locardianus, Bourguignat, 1882. *In* Locard, *Prodr.*, p. 287 et 356.

Ruisseau de Villeneuve (Ain) [Bourguignat]; l'Albane, la Brizotte, près d'Auxonne (Côte-d'Or); l'Eau-Morte, près Faverges (Haute-Savoie) [Loc.]; etc.

Unio badiellus, Drouët.

Unio badiellus, Drouët, 1888. *In Journ. conch.*, XXXVI, p. 107. — 1889. *Union. bass. Rhône*, p. 54, pl. I, fig. 4.

Le canal du lac d'Annecy, entre Annecy et Crans [Drouët]; le Thiou, près d'Annecy (Haute-Savoie) [Drouët, Loc.].

Unio orbus, Locard.

Unio orbus, Locard, 1886. *Nov. sp.*

Les ruisseaux de Colonne, Pentoise, Gigny, Montafroid, etc. (Jura); la Saône, à Auxonne (Côte-d'Or); le Menthon (Ain) [Loc.]; etc.

O. — Groupe de l'*U. nubilus* (2).

Unio Andeliacus, Bourguignat.

Unio Andeliacus, Bourguignat, 1886. *Nov. sp.*

La Seine, aux Andelys (Eure) [Bourguignat]; le Gouet, à Saint-Brieuc (Côtes-du-Nord); l'Albane (Côte-d'Or) [Loc.]; etc.

Unio nubilus, Locard.

Unio nubilus, Locard, 1885. *Nov. sp.*

Canal de la Bourbe, à la Verpillière; le ruisseau de Guindan, près d'Aoste (Isère); le lac d'Égoule, près de Tournon (Ardèche); Bois-Vieux, Brainans (Jura); la Tille et l'Albane, près d'Auxonne (Côte-d'Or) [Loc.]; etc.

(1) Groupe européen des *Locardiana* Bourguignat, 1881.
(2) Groupe européen des *Nubilusiana* Locard, 1888.

Unio Vallericus, BOURGUIGNAT.

Unio Vallericus, Bourguignat, 1888. *Nov. sp.*

La Vallière, à Lons-le-Saulnier; Brainans (Jura) [Bourguignat]; la Brizotte, l'Albane, l'Ource, le Tille, près d'Auxonne (Côte-d'Or) [Loc.]; etc.

P. — Groupe de l'*U. elongatulus* (1).

Unio elongatulus, MÜHLFELD.

Unio elongatulus, Mühlfeld, 1835. *In* Rossmässler, *Iconogr.*, II, p. 23, pl. IX, fig. 132. — 1844. *Loc. cit.*, XII, p. 27, pl. LVI, fig. 752. — Drouët, 1855. *Unios France*, pl. VI, fig. 2. — Locard, 1882. *Prodr.*, p. 288.

La Laignes, aux Riceys (Aube) [Bourguignat]; la Laignes, la Seine, l'Ource, dans l'arrondissement de Châtillon-sur-Seine (Côte-d'Or) [Beaudouin]; Lons-le-Saulnier, Brainans, Gigny, Saint-Amour, Bresme, Mont-sous-Vaudrey, Cramans (Jura) [Bourguignat, Loc.]; les environs d'Épinal (Vosges); la Saône, à Gray (Haute-Saône); le Tarn, près d'Albi (Tarn); l'Aveyron, à Rodez (Aveyron) [Loc.]; etc. (1).

Unio Riciacensis, BOURGUIGNAT.

Unio Riciacensis, Bourguignat, 1882. *In* Locard, *Prodr.*, p. 288 et 357.

La Laignes, aux Riceys (Aube) [Bourguignat]; la Laignes, dans l'arrondissement de Châtillon-sur-Seine (Côte-d'Or) [Beaudouin]; Mont-sous-Vaudrey (Jura) [Loc.]; etc. (2).

Unio orthus, COUTAGNE.

Unio orthus, Coutagne, 1882. *In* Locard, *Prodr.*, p. 288 et 357.

L'Albane, affluent de la Bèze, près de Vonges (Côte-d'Or) [Bourgui-

(1) Groupe européen des *Elongatulusiana* Bourguignat, 1881.

A ce groupe appartiennent également les *Unio ceratinus* Drouët, de Dalmatie; *U. nuperus* Parreys, *U. Germanjanicus* Bourguignat, également de Dalmatie, etc. (Bourg.).

(2) Le type de cette espèce vit en Illyrie ; on la trouve également dans le Rhin et dans le Mein.

Dans le Midi le galbe de ces coquilles est généralement plus écourté que dans le Nord et dans l'Est.

gnat, col. Coutagne]; Varennes, Bois-Vieux (Jura); l'Isère, près de Grenoble (Isère); lac d'Égoule, près de Tournon (Ardèche) [Loc.]; etc.

Unio orthellus, Bérenguier.

Unio orthellus, Bérenguier, 1882. *Faune malac. du Var*, p. 97. — Locard, 1882. *Prodr.*, p. 288 et 357.

Canal des Moulins de Roquebrune et les cours d'eau dépendant de l'Argens [Béringuier, Bourguignat]; la Grande-Garonne, à Fréjus (Var) [Loc.].

Q. — Groupe de l'*U. Ryckholti* (1).

Unio Ryckholti, Malzine.

Unio Ryckholtii, Malzine, 1867. *Faune malac. Belgique*, p. 32, pl. II, fig. 1-2. (*U. Ryckholtii*, *var. cuneata*, *non U. cuneatus* Jacquemin). — Locard, 1882. *Prodr.*, p. 289.

La Seine, à Charenton, près de Paris [Bourguignat]; la Marne, à Châlons-sur-Marne (Marne); la Marne, à Meaux, Lagny, Chelles, etc. (Seine-et-Marne); la Saône (Côte-d'Or); la Loire, à Ingrande (Maine-et-Loire); la Loire, à Basse-Indre et à Nantes (Loire-Inférieure); la Petite-Maine à Montaigu (Vendée) [Loc.]; etc. (2).

Unio potamius, Bourguignat.

Unio pictorum, *var. vincelus (pars)*, de Joannis, 1858. *Ét. Nayades Maine-et-Loire*, pl. XII, fig. 5 *(tantum)*.
— *potamius*, Bourguignat, 1882. *In* Locard, *Prodr.*, p. 289 et 359.

Le Loir (Maine-et-Loire) [de Joannis]; l'Albane, affluent de la Bèze, près de Vonges; la Brizotte, près d'Auxonne (Côte-d'Or) [Bourguignat]; la Marne, à Meaux, Lagny, Chelles, etc. (Seine-et-Marne); la Moselle, à Metz [Loc.]; etc. (3).

(1) Groupe européen des *Ellipsopsisiana* Bourguignat, 1881.
Le type de ce groupe est l'*Unio ellipsopsis* Bourguignat, du Portugal.

(2) Le type de l'*Unio Ryckholti* se trouve en Belgique ; M. Bourguignat possède également cette espèce du Bug en Pologne.

(3) Cette espèce se retrouve également dans le Danube, à Buda-Pesth, en Hongrie, dans plusieurs lacs de la Suisse et de l'Italie (Bourg.).

R. — Groupe de l'*U. Nicolloni* (1).

Unio Nicolloni, Locard.

Unio Nicolloni, Locard, 1888. *Nov. sp.*

La Loire, aux environs de Nantes (Loire-Inférieure) [Loc].

S. — Groupe de l'*U. Batavus* (2).

Unio Carynthiacus, Ziegler.

Unio Carynthiacus, Ziegler, 1836. *In* Rossmässler, *Iconogr.*, III, p. 30, pl. XV, fig. 209.

La Loire, à Roanne, Feurs, Balbigny, Villerest (Loire); la Drée, à Épinac (Saône-et-Loire) ; la Saône, à Lyon (Rhône) ; la Seine, à Châtillon-sur-Seine; la Brizotte, près d'Auxonne (Côte-d'Or); la Saône, à Gray (Haute-Saône) ; la Loire, près de Nantes (Loire-Inférieure) [Loc.]; etc.(3).

Unio Visurgicus, Servain.

Unio Visurgicus, Servain, 1888. *In Bull. Soc. malac. France*, V, p. 316.

La Loire, à Saint-Gemmes, près d'Angers [Servain, Bourguignat] (4).

Unio Besnardianus, Servain.

Unio ovalis, Dupuy, 1852. *Hist. moll.*, p. 637, pl. XXV, fig. 13 *(non* Gray) (5).

— *Besnardianus*, Servain, 1888. *In Bull. Soc. malac. France*, V, p. 317 *(s. descr.)*

(1) Groupe européen des *Sperchinusiana* Bourguignat, 1881. Le type de ce groupe est l'*Unio Sperchinus* Thièse, de Grèce.

(2) Groupe européen des *Batavusiana* Bourguignat, 1881.

(3) Le type de l'*Unio Carynthiacus* se trouve en Carynthie; on rencontre également cette espèce en Croatie (Bourg.).

(4) Le type vit dans le Wéser à Végésack, près de Brême; dans l'Elbe on le retrouve aux environs de Steinwarder (Servain).

(5) Sous le nom d'*Unio ovalis* les auteurs ont décrit plusieurs formes différentes. Ainsi il est bien certain que l'*U. ovalis* décrit et figuré par l'abbé Dupuy, n'est pas le même que l'*U. ovalis* de Gray (1840. *In* Turton, *Man.*, 2e édit., p. 297, pl. II, fig. 11). Il suffit de comparer les deux figurations de ces auteurs pour s'en convaincre. Dans la figuration donnée par l'abbé Dupuy, le dessinateur a indiqué, dans la région moyenne, une ombre qui peut faire croire bien à tort que la coquille est déprimée dans cette partie; cette prétendue ombre simule des flammulations vertes qui ornent parfois l'épiderme de la coquille.

La Loire, à Saint-Gemmes, près d'Angers (Maine-et-Loire) [Servain, Bourguignat]; la Loire, à Ingrandes (Maine-et-Loire); la Loire, à Basse-Indre et à Nantes (Loire-Inférieure); la Petite-Maine, près de Montaigu (Vendée); la Saône (Côte-d'Or) [Loc.]; etc. (1).

Unio Andegavensis, SERVAIN.

Unio Andegavensis, Servain, 1882. *In* Locard, *Prodr.*, p. 289 et 359.

La Maine, à Angers (Maine-et-Loire); la Seine, au Pecq (Seine-et-Oise) [Servain, Bourguignat]; etc. (2).

Unio cyprinorum, BERTHIER.

Unio cyprinorum, Berthier, 1882. *In* Locard, *Prodr.*, p. 289 et 358.

La Seine, à Châtou (Seine-et-Oise) [Bourguignat]; la Marne, à Meaux, Lagny, Chelles, etc. (Seine-et-Marne); l'Oise, à Compiègne (Oise); la Vesle, à Reims (Marne); l'Ornain (Meuse); la Grosne, à La Ferté et à Marnay (Saône-et-Loire) [Loc.]; etc. (3).

Unio Ligericus, BOURGUIGNAT.

Unio Batavus, var. ovalis, de Joannis, 1853. *Nayades Maine-et-Loire*, pl. X, fig. 2.
— *Ligericus*, Bourguignat, 1881. *In* Locard, *Prodr.*, p. 289 et 358.

La Loire, à Saumur et à Ingrande (Maine-et-Loire) [Bourguignat]; le Loir (Maine-et-Loire) [de Joannis]; la Loire, à Basse-Indre et à Nantes (Loire-Inférieure) [Loc.]; etc.

Unio Sequanicus, COUTAGNE.

Unio Sequanicus, Coutagne, 1882. *In* Locard, *Prodr.*, p. 289 et 358.

La Seine, à Paris, Chatou, Poissy, etc., (Seine et Seine-et-Oise) [Bourguignat, col. Coutagne]; la Marne, à Meaux, Carnetin, Lagny, Chelles, etc. (Seine-et-Marne); l'Oise, à Creil et à Compiègne (Oise); l'Yonne, à Sens (Yonne) [Loc.]; la Seine, l'Ource, l'Aube, dans l'arrondissement de

(1) Vit également dans le Wéser, à Végésack, près de Brême (Bourg.).
(2) Les individus de cette dernière localité constituent une *var. minor* (Bourg.).
(3) On retrouve cette espèce dans le Mein à Francfort (Bourg.).

Châtillon-sur-Seine (Côte-d'Or) [Beaudoin]; la Vesle, à Reims (Marne) [Loc.]; etc. (1).

Unio diptychus, Surrault.

Unio diptychus, Surrault, 1889. *Nov. sp.*

La Loire, près d'Ingrande (Maine-et-Loire) [Bourguignat].

Unio Matronicus, Bourguignat.

Unio Matronicus, Bourguignat, 1882. *In* Locard, *Prodr.*, p. 289 et 358.

La Marne, à Jaulgonne (Aisne); la Seine, à Poissy, au Pecq, etc. (Seine-et-Oise) [Bourguignat]; la Marne, à Châlons-sur-Marne [Marne]; la Marne, à Lagny, Meaux, Chelles, etc.; le Grand-Morin, à Coulommiers (Seine-et-Marne); l'Oise, à Creil et à Compiègne (Oise); le Loir, à la Flèche (Sarthe); la Mayenne, à Laval (Mayenne) [Loc.]; etc. (2).

Unio Ingrandiensis, Surrault.

Unio Ingrandiensis, Surrault, 1889. *Nov. sp.*

La Loire, à Ingrande (Maine-et-Loire) [Bourguignat].

Unio Materniacus, Locard.

Unio Materniacus, Locard, 1889. *Nov. sp.*

La Marne, près Châlons-sur-Marne (Marne); l'Oise, à Creil et à Compiègne (Oise); la Somme, à Amiens et à Abbeville (Somme); la Seine, à Corbeil et à Charenton, près de Paris; Lunéville (Meurthe); l'Ornoise (Meuse); Pontoise (Seine-et-Oise) [Loc.]; etc.

Unio Financei, Locard.

Unio Batavus, *var. sinuatus*, de Charpentier, 1837. *Cat. moll. Suisse* p. 24, pl. II, fig. 21.
— *Financei*, Locard, 1889, *Nov. sp.*

L'Eure, près d'Évreux (Eure); la Marne, à Châlons-sur-Marne (Marne); Domsure (Jura); la Saône, à Auxonne (Côte-d'Or) [Loc.]; etc. (3).

(1) Cette espèce vit également dans le Danube à Belgrade (Bourg.).

(2) Vit également aux environs de Francfort (Servain).

(3) On retrouve cette même forme en Suisse, aux environs de Thoune, et dans le lac de Neuchâtel (de Charpentier).

3

Unio arenarum, Bourguignat.

Unio arenarum, Bourguignat, 1882. *In* Locard, *Prodr.*, p. 289 et 358.

La Seine, au Pecq, à Poissy, etc. (Seine-et-Oise) ; la Loire, à Saumur (Maine-et-Loire) [Bourguignat] ; etc.

Unio Surraulti, Servain.

Unio Surraulti, Servain, 1889. *Nov. sp.*

La Loire près d'Ingrande (Maine-et-Loire) [Bourguignat, Servain] ; la Loire, à Nantes et à Basse-Indre (Loire-Inférieure) [Loc.] ; etc.

Unio Batavellus, Letourneux.

Unio Batavellus, Letourneux, 1885. *In* Locard, *Desc. deux Nayades nouv., in Soc. sc. nat. Rouen*, XXI, p. 25.

La Saône, à Vonges (Côte-d'Or) ; la Loire, à Saumur (Maine-et-Loire) ; la Loire à Nantes (Loire-Inférieure) [Bourguignat] ; la Bouille, près Rouen (Seine-Inférieure) ; la Marne, à Meaux et à Lagny (Seine-et-Marne) ; la Marne, à Châlons-sur-Marne (Marne) ; la Marne, à Château-Thierry (Aisne) ; la Rille, à Pont-Audemer ; l'Eure, près Évreux (Eure) ; la Vie, près Crèvecœur (Calvados) ; la Grosne, à la Ferté, Marnay, etc ; la Saône, à Châlon-sur-Saône (Saône-et-Loire) ; la Saône, à Saint-Germain-au-Mont-d'Or, Couzon, Collonges, etc. (Rhône) ; la Saône, à Saint-Jean-de-Losne et à Seurre (Côte-d'Or) ; Domsure (Jura) ; la Vienne, à Chinon (Indre-et-Loire) [Loc.] ; etc. (1).

Unio Batavus, Maton et Racket.

Mya Batava, Maton et Racket, 1805. *In Trans. Linn. Soc.*, VIII, p. 37.
Unio Batava, de Lamarck, 1819. *Anim. sans vert.*, VI, I. p. 78.
— *Batavus*, Nilsson, 1822, *Moll. Sueciæ.*, p. 122. — Drouët, 1857. *Unios France*, pl. V, fig. 1. — Dupuy, 1852. *Hist moll.*, pl. XXV, fig. 15. — Locard, 1882. *Prodr.*, p. 288.

Dans la plupart des rivières et des ruisseaux de la France centrale et septentrionale, la Seine, la Moselle, la Marne, la Saône, le Rhône, la Loire, etc., et leurs affluents (2).

(1) On retrouve cette espèce en Hongrie, en Serbie, en Autriche, en Allemagne (Bourg.), et en Suisse (Locard).

(2) Cette espèce vit également en Angleterre, en Allemagne, en Suisse, etc.

Unio Droueti, DUPUY.

Unio Drouetii, Dupuy, 1849. *Cat. extramar. Galliæ Test.*, nº 326. — 1852. *Hist. moll*, p. 639, pl. XXV, fig. 14. — Drouët, 1857. *Unios France*, pl. V, fig. 3. — Locard, 1882. *Prodr.*, p. 288.

Le ruisseau de l'Amacce, près de Vendeuvre-sur-Barse [Bourguignat]; canal du Château-des-Cours près Troyes [Dupuy, Drouët] (Aube).

Unio Caumonti, BOURGUIGNAT.

Unio Caumonti, Bourguignat, 1888. *Nov. sp.*

La Seine, à Caumont (Eure) [Bourguignat].

Unio Seneauxi, BOURGUIGNAT.

Unio pictorum, *var.* β, Draparnaud, an IX, *Hist. moll.*, p. 131, pl. XI, fig. 3 *(non auct.)*.
— *Seneauxi*, Bourguignat, 1889. *Nov. sp.*

La Loire, à Orléans (Loiret); la Loire, à Nantes (Loire-Inférieure); la Garonne, à Port-Sainte-Marie (Lot-et-Garonne); la Grosne, à Marnay (Saône-et-Loire) [Loc.]; etc.

T. — Groupe de l'*U. Lemotheuxi* (1).

Unio Lemotheuxi, SERVAIN.

Unio Lemotheuxi, Servain, 1888. *Nov. sp.*

La Pointe, à Angers (Maine-et-Loire) [Servain, Bourguignat]; la Loire, à Nantes (Loire-Inférieure); le Reyran (Var) [Loc.]; etc.

Unio exauratus, LOCARD.

Unio exauratus, Locard, 1888. *Nov. sp.*

La Siagne, à Cannes (Alpes-Maritimes) [Loc., col. Bourguignat].

(1) Groupe européen des *Lemotheuxiana* Bourguignat, 1884.
Entre ce groupe et celui qui précède, il existe plusieurs autres groupes qui font défaut en France (Bourg.).

U. — Groupe de l'*U. Hattemani* (1).

Unio adonus, SERVAIN.

Unio adonus, Servain, 1884. *Nov. sp.*

La Loire à Saint-Gemmes, près d'Angers (Maine-et-Loire) [Servain, Bourguignat]; la Loire à Basse-Indre et à Nantes (Loire-Inférieure) (Loc.); etc.

Unio Hattemani, BOURGUIGNAT.

Unio Hattemani, Bourguignat, 1884. *Nov. sp.*

La Loire, à Saint-Gemmes, près d'Angers (Maine-et-Loire) [Bourguiguat]; la Loire, près de Saint-Gondon (Loiret); la Loire, à Basse-Indre et à Nantes (Loire-Inférieure) [Loc.]; etc.

V. — Groupe de l'*U. ater* (2).

Unio ater, NILSSON.

Unio ater, Nilsson, 1822. *Moll. Succiæ*, p. 107. — Rossmässler, 1836. *Iconogr.*, III, p. 23, pl. IX, fig. 133. — Locard, 1882. *Prodr.*, p. 284.
— *Batavus, var. squamosa*, Brot, 1867. *Études Nayades Léman*, pl. IX, fig. 1 (*non* de Charpentier).

La Loire, à Balbigny (Loire) [Loc.] (3).

Unio ignari, BOURGUIGNAT.

Unio ater, Drouët, 1857. *Unios France*, pl. IV, fig. 1 (*non* Nilsson).
— *ignari*, Bourguignat, 1889. *Nov. sp.*

Le Mandrezey, à Saulcy-sur-Meurthe (Vosges) [Drouët, Loc.].

(1) Groupe européen des *Pisaniana* Bourguignat, 1886.

Le type de ce groupe est l'*Unio Pisanus* Uzielli, de Pise en Italie. Les principales espèces de ce groupe sont les *Unio Uziellii* Bourguignat, de Rome; *U. Vittorioi* Bourg., de Pise; *U. œschrus* Castro, du Portugal; etc. (Bourg.).

(2) Groupe européen des *Ateriana* Bourguignat, 1881.

Ce groupe comprend également les *Unio Anceyi* Bourg., d'Anatolie; *U. Tameganus* Castro, du Portugal; etc. (Bourg.).

(3) Le type vit en Suède; on le trouve également en Danemark, en Allemagne, en Hongrie et en Croatie (Bourg.).

Unio ignariformis, Bourguignat.

Unio platyrhynchoideus, Drouët, 1857. *Unios France*, pl. IX, fig. 1 (*non* Dupuy).
— *ignariformis*, Bourguignat, 1889. *Nov. sp.*

Étangs le long du littoral de la Gascogne (Drouët).

Unio Danemoræ, Mörch.

Unio Danemoræ, Mörch, 1881. *Mss.* — Bourguignat, 1882. *In* Locard, *Prodr.*, p. 284 et 354.

Le Mandrezey, à Saulcy-sur-Meurthe (Vosges); la Canne, à Goulnot (Nièvre); le lac d'Ondres (Basses-Pyrénées) [Loc.]; etc. (1).

Unio Lambottei, Malzine.

Unio Moquinianus, var., Drouët, 1857. *Unios France*, pl. VI, fig. 3 (*non* Dupuy).
— *Lambottei*, Malzine, 1867. *Faune malac. Belg.*, p. 33, pl. I, fig. 1-2. — Locard, 1882. *Prodr.*, p. 285.
— *Baudoni*, de Folin et Bérillon, 1874. *In Bull. Soc. de Bayonne*, p. 93, fig. 4-7 (*non* Kobelt, *in* Rossmässler, *Iconogr.*, fig. 1646).

Ruisseau de Salagnac, près le Grand-Bourg; la Creuse, près de Guéret (Creuse); l'Erve, à Thevalle, près de Chemeré-le-Roy (Mayenne) [Bourguignat]; la Canne, à Goulnot (Nièvre); la Loire, à Bas-en-Basset (Haute-Loire); la Loire, à Balbigny et à Feurs (Loire) [Loc.]; etc. (2).

Unio melantatus, Locard.

Unio melantatus, Locard, 1888. *Nov. sp.*

La Loire, à Balbigny et à Villerest (Loire) [Loc.] (3).

Unio Balbignyanus, Locard.

Unio Balbignyanus, Locard, 1888. *Nov. sp.*

La Loire, à Balbigny et à Villerest (Loire); l'Allier, à Saint-Germain-

(1) Le type de cette espèce vit en Suède (Bourg.).
(2) Le type de cette espèce vit en Belgique.
(3) La localité de Balbigny nous a été signalée par M. Gabillot, naturaliste de Lyon. Il nous a rapporté de cette station plusieurs intéressantes espèces qui vivent ensemble dans les anfractuosités profondes des rochers du lit de la Loire.

des-Fossés (Allier); le Serain, affluent de l'Yonne (Yonne); le Mandrezey, à Saulcy-sur-Meurthe (Vosges); la Moselle, près de Metz; le Gouët, à Saint-Brieuc (Côtes-du-Nord) [Loc.]; etc.

Unio Brevierei, Bourguignat.

Unio margaritifera, juv., Draparnaud, an IX. *Hist. Moll.*, pl. XI, fig. 5 (1).
— *Requieni*, Brevière, 1880. *Cat. moll. Nièvre*, p. 26 *(non* Michaud).
— *Moquinianus*, Brevière, 1880. *Loc. cit.*, p. 26 *(non* Dupuy).
— *Brevierei*, Bourguignat, 1882. *In* Locard, *Prodr.*, p. 286 et 356.
— *crassulus*, Drouët, 1888. *In Journ. conch.*, XXXVI, p. 106. — 1889. *Union. bassin du Rhône*, p. 44, pl. II, fig. 5.

La Canne, à Saint-Saulge et à Goulnot (Nièvre) [Brevière, Bourguignat]; le Ternin, à Autun (Saône-et-Loire); le canal de Bretagne, à Saint-Congard (Morbihan); la Loire, à Roanne (Loire) [Bourguignat]; la Seine, l'Ource, l'Aube, dans l'arrondissement de Châtillon-sur-Seine (Côte-d'Or) [Beaudouin]; le Serain, affluent de l'Yonne (Yonne) [Drouët] (2); Baudoncourt, près de Luxeuil (Haute-Saône); la Valogne, près de Gérardmer (Vosges); Passavant (Haute-Saône); marais de Dampierre (Ain); la Loire, à Bas-en-Basset (Haute-Loire); la Mayenne, à Château-Gontier et à Laval (Mayenne); le Gouët, à Saint-Brieuc (Côtes-du-Nord); le Lot, à Cahors (Lot) [Loc.]; etc.

Unio scotinus, Locard.

Unio scotinus, Locard, 1887. *Nov. sp.*

Canal de la Moselle à la Saône, Selles, Passavant (Haute-Saône) [Loc.].

Unio stygnus, Locard.

Unio stygnus, Locard, 1887. *Nov. sp.*

(1) L'abbé Dupuy *(Hist. moll.*, p. 655) croit que l'on peut rapporter cette figure de Draparnaud à l'*Unio Philippei;* elle nous paraît plus vraisemblablement représenter l'*Unio Brevierei* de M. Bourgnignat.

Nous ne pouvons admettre que Michaud *(Compl. Hist. moll.*, p. 114) rapproche cette même figure de son *Unio elongata ;* ces deux formes n'ont aucun rapport. Il en est de même de Nilsson *(Moll. Suec.*, p. 107) qui considère cette coquille draparnaldique comme un état jeune de son *Unio ater*, simplement à cause de sa coloration.

(2) M. H. Drouët donne comme habitat à cette espèce qu'il décrit à nouveau sous le nom d'*U. crassulus*, la Saône, la Garonne, le Serain (affluent de l'Yonne); nous n'avons été à même de contrôler que cette dernière indication d'après des échantillons étiquetés de la main même de M. Drouët.

Canal de la Moselle à la Saône, Selles, Passavant (Haute-Saône).

Unio Marcellinus, Berthier.

Unio Marcellinus, Berthier, 1882. *In* Locard, *Prodr.*, p. 285 et 355.

La Seine, à Poissy (Seine-et-Oise); la Maine, à Cholet (Maine-et-Loire) [Bourguignat].

Unio oxyrhynchus, Brevière.

Unio oxyrhynchus, Brevière, 1882. *In* Locard, *Prodr.*, p. 285 et 355.

La Canne, à Goulnot (Nièvre) [col. Brevière, Bourguignat]; Luxeuil, Selles (Haute-Saône); la Valogne, à Gérardmer (Vosges) [Loc.]; etc.

Unio Bouchardi, Bourguignat.

Unio arcuatus, Bouchard-Chantereaux, 1838. *Moll. Pas-de-Calais*, p. 71, pl. I, fig. I (*non* Jacquemin).
— *Bouchardi*, Bourguignat, 1888. *Nov. sp.*

Fossés de Saint-Omer, alimentés par la rivière d'Au (Pas-de-Calais) [Bouchard-Chantereaux].

Unio occidentalis, Bourguignat.

Unio occidentalis, Bourguignat, 1882. *Nov. sp.*

La Loire, à Balbigny (Loire) [Loc.] (1).

Unio septentrionalis, Bourguignat.

Unio septentrionalis, Bourguignat, 1882. *In* Locard, *Prodr.*, p. 284 et 354.

La Canne, à Goulnot (Nièvre); la Loire, à Roanne et à Villerest (Loire); le lac du Bourget (Savoie); le Mandrezey, à Saulcy-sur-Meurthe (Vosges); la Marne, à Meaux (Seine-et-Marne) [Loc.]; etc. (2).

X. — Groupe de l'*U. Turtoni* (3).

Unio Turtoni, Payraudeau.

Unio Turtonii, Payraudeau, 1826. *Moll. Corse*, p. 65, pl. II, fig. 2-3.

(1) Le type vit en Portugal (Bourg.).
(2) Le type se trouve en Suède et en Allemagne (Bourg.).
(3) Groupe européen des *Turtoniana* Bourguignat, 1884.

Les environs de Rodez (Aveyron) [Loc.] (1).

Unio Forojuliensis, Bérenguier.

Unio Forojuliensis, Bérenguier. 1882. *Faune malac. Var.*, p. 95. — Locard, 1882. *Prodr.*, p. 293.

Entre le pont de l'Assassin et la route de Bagnols, près de Fréjus (Var) [Bérenguier, Bourguignat, Loc.]; les environs de Cannes (Alpes-Maritimes [Loc].

Unio Philippei, Dupuy.

Unio Philippii, Dupuy, 1849. *Cat. extramar. Galliæ*, n° 335. — 1852. *Hist. moll.*, p. 645, pl. XXVIII, fig. 19.
— *Philippei*, Locard, 1882. *Prodr.*, p. 284.

Le Gave de Pau, de Pau à Bagnols (Basses-Pyrénées) [Dupuy]; l'affluent du Viaur [Bourguignat]; Estaing, Espalion (Aveyron); l'Agout, à Lavaur (Tarn) [Loc.]; etc.

Unio Hauterivianus, Bourguignat.

Unio Hauterivianus, Bourguignat, 1882. *In* Locard, *Prodr.*, p. 286 et 358.

Le canal du Midi, à Villefranche-Lauraguais (Haute-Garonne) [Bourguignat] (2).

Unio Aleroni, Companyo et Massot.

Unio Aleroni, Companyo et Massot, 1845. *In Bull. Soc. Pyr.-Orient.*, VI, p. 294, fig. 2. — Bourguignat, 1865. *Moll. nouv.*, p. 151, pl. XXIII, fig. 3. — Locard, 1882. *Prodr.*, p. 287.

Les ruisseaux de Thuir, la Basse, la Vieille-Basse, le Tech, le ruisseau des Quatre-Cazals (Pyrénées-Orientales) [Companyo et Massot, Bourguignat] (3).

Unio Brindosianus, de Folin et Bérillon.

Unio Moreleti, var. Brindosiana, de Folin et Bérillon, 1874. *In Bull. Soc. sc. Bayonne*, p. 97 (*non U. Moreleti*, Deshayes.)

(1) Quoique cette espèce corse ait été citée dans un assez grand nombre de localités du continent français, nous ne la connaissons encore d'une manière positive que dans cette localité où elle est bien typique. Il est évident que sous ce nom on a confondu bon nombre de formes n'appartenant même pas à ce groupe.

(2) Vit également en Espagne et en Portugal (Bourg.).

(3) Cette espèce se trouve également en Espagne, notamment à Castillon de Ampuras ourg.).

Unio ***Lusitanus***, Drouët, 1879. *In Journ. conch.*, XXVII, p. 327.
— *Brindosianus*, Bourguignat, 1882. *In* Locard, *Prodr.*, p. 287.

Le Lac de Brindos, près de Bayonne [de Folin et Bérillon]; lac d'Eyrieu (Basses-Pyrénées) [Drouët] (1).

Unio Brindosopsis, Locard.

Unio Brindosopsis, Locard, 1884. *Nov. sp.*

La Vienne, à Limoges (Vienne); la Loire, à Balbigny (Loire); Estaing (Aveyron); les environs de Vienne (Isère) [Loc.]; etc.

Unio Mine-Edwardsi, Bourguignat.

Unio ***Milne-Edwardsi***, Bourguignat, 1882. *In* Locard, *Prodr.*, p. 287 et 357.

Le lac de la Négresse, près de Bayonne (Basses-Pyrénées) [Bourguignat].

Unio Bayonnensis, de Folin et Bérillon.

Unio Moreleti, de Folin et Bérillon, 1874. *In Bull. Soc. Bayonne*, p. 95 (*non* Deshayes).
— *Moreletianus*, de Folin et Bérillon, 1877. *Faune malac. Sud-Ouest*, p. 29.
— *Bayonnensis*, de Folin et Bérillon. 1877. *Loc. cit.*, pl. I, fig. 1-3. — Drouët, 1879. *In Journ. conch.*, XXVII, p. 332. — Locard, 1882. *Prodr.*, p. 392.

Le lac de la Négresse, près de Bayonne (Basses-Pyrénées) [de Folin et Bérillon, Bourguignat].

Unio Albanorum, F. Pacôme.

Unio Albanorum, F. Pacôme, 1889. *Nov. sp.*

L'Aille, à Vidauban; le Ristord, au Paradon; le Luc; la Grande-Garonne, à Fréjus; la Giselle, en face du hameau de Saint-Pons; au golfe de Saint-Torpez (Var) [Bourguignat, F. Pacôme, Loc.]; les environs de Grasse (Alpes-Maritimes) [Loc.]; etc.

(1) Cette espèce vivrait également dans le Guadiana et ses affluents en Espagne (Drouët). En décrivant l'*Unio Lusitanus* M. Drouët indique « une forme analogue et abondante dans le lac d'Yrieu près de Bayonne »; or, la forme abondante du lac d'Yrieu est incontestablement l'*Unio Brindosianus*.

Y. — Groupe de l'*U. Brebissoni* (1).

Unio Brebissoni, Locard.

Unio pictorum, var. 3, de l'Hôpital, 1859. *Cat. moll. env. Caen*, p. 62 (*non* Linné).
— *Brebissoni*, Locard, 1889. *Nov. sp.*

L'Orne, à Caen [de l'Hôpital]; l'Aure supérieure, à Bayeux [Loc.] (Calvados); etc.

Unio Hopitali, Locard.

Unio Requieni, var. minima, de l'Hôpital, 1859. *Cat. moll. env. Caen*, p. 61 (*non* Drouët).
— *Hopitali*, Locard, 1889. *Nov. sp.*

La Vie, à Saint-Julien-le-Faucon; l'Odon, à Mittois, près de Saint-Pierre-sur-Dive [de l'Hôpital]; l'Orne, à Feugerolles près de Caen, et à May (Calvados) [Loc.]; etc.

Z. — Groupe de l'*U. amblyus* (2).

Unio amblyus, Castro.

Unio amblyus, Castro, 1888. *Nov. sp.*

La Loire, à Balbigny (Loire) [Loc.] (3).

AA. — Groupe de l'*U. Moquinianus* (4).

Unio Moquinianus, Dupuy.

Unio Moquinianus, Dupuy, 1843. *Moll. Gers*, p. 80, fig. 1 (5). — 1859. *Hist. Moll.*, pl. XXVI, fig. 18. — Locard, 1882. *Prodr.*, p. 286.

(1) Groupe européen des *Brebissoniana*, Loc., 1889.

(2) Groupe européen des *Moreletiana*, Bourguignat, 1881.

Dans ce groupe il faut placer, non seulement l'*Unio Moreletianus* Deshaye, d'Algérie, mais encore les espèces suivantes : *Unio Maritzianus* Bourguignat, de Roumélie ; *U. Oncomenus* Castro, du Portugal; *U. Ebikonicus* Bourg., de Suisse; etc.

(3) Cette espèce est commune en Portugal.

(4) Groupe européen des *Moquiniana* Bourguignat, 1884.

A ce groupe appartiennent les *Unio Capigliolo* Payraudeau et *U. Cyrniacus* Mabille, de Corse (Bourg.).

(5) La figure 2 donnée dans cet ouvrage, et dont le rétrécissement de la région antérieure a peut-être été exagéré, doit être considérée comme une variété du véritable type représenté dans la figure 1.

L'Arros, l'Echez, à Vic-de-Bigorre, à Ibos (Hautes-Pyrénées) [Dupuy, Bourguignat]; le ruisseau d'Urdache, près de Bayonne (Basses-Pyrénées); la Canne, à Saint-Saulge (Nièvre) [Bourguignat]; Estaing (Aveyron) [Loc.]; etc.

Unio antimoquinianus, LOCARD.

Unio antimoquinianus, Locard, 1889. *Nov. sp.*

L'Arroz, l'Echez (Hautes-Pyrénées) [Dupuy, Bourguignat, Locard].

BB. — Groupe de l'*U. Berenguieri* (1).

Unio Berenguieri, BOURGUIGNAT.

Unio Turtoni, Dupuy, 1852. *Hist. moll.*, pl. XXVII, fig. 17 (*non* Payraudeau) (2).

— *Berenguieri*, Bourguignat, 1882. *In* Bérenguier, *Faune malac. Var*, p. 100. — Locard, 1882. *Prodr.*, p. 292.

Canal des Moulins, à Roquebrune (Var) [Bourguignat, Bérenguier]; marais de la Népoule, aux environs de Grasse (Alpes-Maritimes) [Dupuy]; etc.

CC. — Groupe de l'*U. Villæ* (3).

Unio Villæ, STABILE.

Unio Villæ, Stabile, 1871. *In* Villa, *in Bullet. Malac. Ital.*, IV, p. 94. — Locard, 1881. *Prodr.*, p. 292. — Bourguignat, 1883. *Unionidæ Italie*, p. 32.

(1) Groupe européen des *Berenguieriana* Bourguignat, 1884.

A ce groupe il faut ajouter les espèces suivantes : *Unio proechus* Bourguignat, de Suisse et d'Italie; *U. platyrhynchus* Rossmässler, de Carynthie; *U. eumacrus* Letourneux, de Croatie; *U. fiscallianus* Kleciak, de Dalmatie; *U. Meduacensis* Adami, d'Italie; *U. cariopsis* Bourg., de Suisse; *U. eumanus* Kobelt, d'Italie; *U. Kleciaki* Drouët, de Dalmatie; etc. (Bourg.).

(2) Sous le nom d'*Unio Turtoni* l'abbé Dupuy a confondu plusieurs formes qui n'ont aucun rapport avec le véritable *U. Turtoni* de Payraudeau. L'échantillon qu'il figure sous ce nom provient des marais de la Népoule et représente l'*Unio Berenguieri*. La taille et le contour du dessin sont exacts, mais la figure, un peu dure de dessin, est difficile à comprendre (Bourg.).

(3) Groupe européen des *Villæana* Bourguignat, 1884.

Dans ce groupe il convient de faire rentrer les espèces suivantes : *Unio Cristoforii* Adami, d'Italie; *U. peracutus* Servain, d'Allemagne; *U. Borcherdingi* Bourguignat, d'Allemagne (c'est l'*U. macrorhynchus* Borcherding, 1888. *Moll. Nord-West.*, p. 10, pl. IV, fig. 3, *non U. macrorhynchus* Bourg., 1881); etc. (Bourg.).

Le lac de la Négresse, près Bayonne (Basses-Pyrénées) [Bourguignat] (1).

Unio Veillanensis, H. Blanc.

Unio Veillanensis, H. Blanc, 1882. *In* Locard, *Prodr.*, p. 292 et 361. — Bourguignat, 1883. *Union. Italie*, p. 32.

Les environs de Montpellier (Hérault) [Loc.] (2).

DD. — Groupe de l'*U. platyrhynchoideus* (3).

Unio platyrhynchoideus, Dupuy.

Unio platyrhynchoideus, Dupuy, 1852. *Hist. moll.*, p. 649, pl. XXVIII, fig. 16. — Locard, 1882. *Prodr.*, p. 297.

Les étangs de Cazaux, d'Aureillan, le long du golfe de Gascogne (Landes) [Dpuuy]; le lac du Bourget (Savoie) [Bourguignat]; etc.

Unio arca, Held.

Unio arca, Held. *In* Chemnitz, *Conch. cab.*, 2e édit., p. 77, pl. XX, fig. 12. — Locard, 1882. *Prodr.*, p. 297.
— *pictorum*, *var. arca*, S. Clessin, 1872. *In Malac. Blätter*, XIX, p. 123. — Kobelt, 1876. *In* Rossmässler, *Iconogr.*, IV, p. 61, pl. CXVI, fig. 1144.

Le lac du Bourget (Savoie) [Bourguignat] (4).

EE. — Groupe de l'*U. Gallicus* (5).

Unio Gallicus, Bourguignat.

Unio Turtoni, *pars auct.*, *sed non* Payraudeau.
— *Gallicus*, Bourguignat, 1882. *In* Locard, *Prodr.*, p. 296 et 385.

Le lac du Bourget (Savoie) [Bourguignat]; le lac d'Annecy, près d'Annecy et de Talloire (Haute-Savoie); la Saône, à Châlon-sur-Saône,

(1) Le type se trouve en Lombardie dans les petits lacs du Milanais (Bourg.).
(2) Le type vit dans le lac d'Avigliano près Turin, en Italie (Bourg.)
(3) Groupe européen des *Platyrhynchoidiana* Bourguignat, 1886.
(4) Le type vit en Dalmatie (Held).
(5) Groupe européen des *Gallicusiana* Bourguignat, 1884.

Varennes-le-Grand, Tournus; la Grosne, à la Ferté et à Marnay (Saône-et-Loire); la Saône, à Collonges, Couzon, Neuville; etc. (Rhône); la Saône, à Heuilley-sur-Saône et à Saint-Jean-de-Losne (Côte-d'Or); l'Eure, près Évreux (Eure); la Petite-Maine, à Montaigu (Vendée); le Tarn, près d'Alby (Tarn) [Loc.]; etc.

Unio Frayssianus, Coutagne.

Unio Frayssianus, Coutagne, 1888. *Nov. sp.*

Étang de Meyranne, près d'Arles (Bouches-du-Rhône) [col. Coutagne, Bourguignat].

Unio Meyrannicus, Bourguignat.

Unio Meyrannicus, Bourguignat, 1888. *Nov. sp.*

Étang de Meyranne près d'Arles (Bouches-du-Rhône) [Bourguignat].

Unio Ararisianus, Coutagne.

Unio Ararisianus, Coutagne, 1888. *Nov. sp.* (1).

La Saône, à Vonges (Côte-d'Or) [col. Coutagnes, Bourguignat]; la Saône, à Lyon et au Nord de Lyon (Rhône) [Loc]; etc.

FF. — Groupe de l'*U. Jacquemini* (2).

Unio Jacquemini, Dupuy.

Unio arcuata, Jacquemin, 1835. *Guide voy. Arles*, p. 123 (*non* Barnes, *nec* Bouchard-Chantereaux).
— *Jacqueminii*, Dupuy, 1849. *Cat. extramar. Gall.*, n° 328. — 1852. *Hist. moll.*, p. 643, pl. XXV, fig. 17.
— *Jacquemini*, Locard, 1882. *Prodr.*, p. 294.

Etang de Meyranne, près d'Arles (Bouches-du-Rhône) [Jacquemin, Dupuy, Bourguignat].

(1) L'abbé Dupuy a fait figurer (pl. XXV, fig. 17) l'*Unio arcuatus* de Jacquemin (*non U. arcuatus* de Bouchard-Chantereaux), sous le nom de *U. Jacquemini* et (pl. XXVII, fig. 15) un autre *U. arcuatus*, dont il a oublié de parler dans son texte. Ce dernier *arcuatus*, bien différent du premier, ressemble beaucoup à l'*U. Ararisianus* de Coutagne (Bourg.).

(2) Groupe enropéen des *Jacqueminiana* Bourguignat, 1884.

Unio Renei, Locard.

Unio Renei, Locard, 1882. *Prodr.*, p. 294 et 362.

Dans les Landes [Loc.].

Unio fabæformis, Bourguignat.

Unio fabæformis, Bourguignat, 1882. *In* Locard, *Prodr.*, p. 294 et 362.

Étang de Meyranne, près d'Arles (Bouches-du-Rhône) [Bourguignat] (1).

GG. — Groupe de l'*U. meretricis* (2)

Unio meretricis, Bourguignat.

Unio Requieni, Stabile, 1846. *Fauna Elvetica*, p. 62, fig. 76 (*non* Michaud.)
— *meretricis*, Bourguignat, 1882. *In* Locard, *Prodr.*, p. 295 et 363.
— *meretrix*, Bourguignat, 1887. *Unionidæ d'Italie*, p. 53.

Le canal du Midi, à Carcassonne (Aude) [Bourguignat]; le Rhône, à Aramon; l'Ardèche, à Aiguèse; le canal de Beaucaire (Gard); le Rhône, à Arles (Bouches-du-Rhône); le Rhône, aux environs d'Avignon (Vaucluse); le Rhône, à Valence (Drôme); la Saône, à Lyon, Collonges, Couzon, Neuville, etc. (Rhône); la Saône, à Heuilley-sur-Saône (Côte-d'Or); la Drée, à Épinac (Saône-et-Loire); le Cosson, près de Blois (Loir-et-Cher); la Loire, à Tours (Indre-et-Loire); la Loire, à Basse-Indre et à Nantes (Loire-Inférieure); Montafroid, Brainans (Jura); l'Isère, à Pontcharra (Isère); la Marne, à Charenton (Seine) [Loc.]; etc. (3).

Unio Caficianus, Bourguignat.

Unio Caficianus, Bourguignat, 1883. *Unionidæ d'Italie*, p. 55.

Le canal des Rivières (Gard) [Loc.] (4).

Unio Aramonensis, Locard.

Unio Aramonensis, Locard, 1889. *Nov. sp.*

(1) Entre ce groupe et le suivant doit prendre place un groupe italien comprenant : *Unio Pecchioli* Bourguignat; *U. Larderelianus* Pecchioli; *U. Moltenii* Adami; *U. Umbricus* Adami; *U. Monterosatoi* Bourg.; *U. Aradasi* Bourg.; *U. Gargottæ* Philippi; etc. (Bourg.).

(2) Groupe européen des *Meretricisiana* Bourguignat, 1888.

Dans ce même groupe sont les *Unio d'Anconæ* Bourguignat, d'Italie; *U. palleus* Parreys, de Dalmatie; *U. subpalleus* Thiesse, de Grèce; etc. (Bourg.).

(3) Le type se trouve dans l'Arno, à Florence et à Pise (Bourg.).

(4) Le type provient de l'Anapo près de Syracuse, en Sicile (Bourg.).

Le Rhône, à Aramon (Gard); le Rhône, aux environs d'Avignon (Vaucluse) [Loc.].

Unio Vardonicus, Locard.

Unio Vardonicus, Locard, 1889. *Nov. sp.*

Le Gard, à son embouchure; le canal de Beaucaire ; le Rhône, entre Villeneuve et Beaucaire (Gard); le Rhône, à Avignon (Vaucluse); la Saône, à Lyon (Rhône) [Loc.]; etc.

HH. — Groupe de l'*U. Requieni* (1).

Unio Salmurensis, Servain.

Unio pictorum, var. γ, Draparnaud, an IX. *Hist. moll.*, p. 131, pl. XI, fig. 4.
— *Salmurensis*, Servain, 1888. *Nov. sp.*

La Loire, à Saumur (Maine-et-Loire) [Servain, Bourguignat]; la Loire, à Orléans (Loiret); la Loire, près de Nantes (Loire-Inférieure); la Saône, à Saint-Germain au-Mont-d'Or et à Collonges (Rhône); l'Ouvez (Ardèche); la Meurthe-et-Moselle [Loc.]; etc.

Unio Requieni, Michaud.

Unio Requieni, Michaud, 1831. *Compl. Hist. moll.*, p. 106, pl. XVI, fig. 24. — Dupuy, 1825. *Hist. moll.*, pl. XXV, fig. 18 (2) — Locard, 1882. *Prodr.*, p. 295.

Canal de Bouc à Arles; le Rhône, à Arles (Bouches-du-Rhône) [Michaud, Bourguignat]; le Rhône, à Aramon, (Gard) (3); le Rhône, à Avignon (Vaucluse); le Rhône, à Valence (Drôme) [Loc.]; etc.

Unio hydrelus, Locard.

Unio pictorum, Draparnaud, an IX. *Hist. moll.*, pl. XI, fig. 1-2.
— *hydrelus*, Locard, 1848. *Nov. sp.*

Bois-Vieux, Varennes, Brainans (Jura); la Losse (Gers); Espalion

(1) Groupe européen des *Requieniana* Bourguignat, 1882.

(2) « L'*Unio Requieni* de Dupuy (pl. XXV, fig. 18) est, pour moi, un *Requieni* plus typique que celui de Michaud, dont Terver a trop accentué les caractères et trop raidi la nuance. » (Bourg., *in Litt.*).

(3) *Var. elongata*, Loc.

(Aveyron); le lac d'Aurillac (Landes); l'Orne, à Allemagne (Calvados) [Loc.]; etc. (1).

II. — Groupe de l'*U. Saint-Simonianus* (2).

Unio Condatinus, LETOURNEUX.

Unio Condatinus, Letourneux, 1882. *In* Locard, *Prodr.*, p. 287 et 356,

Le canal de Rennes, à Rennes (Ille-et-Vilaine); la Seine, au Pecq (Seine-et-Oise) [Bourguignat]; la Maine, à Cholet (Maine-et-Loire); l'Yon, à la Roche-sur-Yon (Vendée); la Saône, à Châlon-sur-Saône et à Varennes; la Grosne, à Marnay (Saône-et-Loire); Estaing (Aveyron) [Loc.]; etc.

Unio Saint-Simonianus, P. FAGOT.

Unio Saint-Simonianus, P. Fagot, 1882. *In* Locard, *Prodr.*, p. 287 et 357.

Le canal du Midi, à Villefranche-Lauraguais (Haute-Garonne); l'Yon, à la Roche-sur-Yon (Vendée); la Maine, à Cholet, près d'Angers (Maine-et-Loire) [Bourguignat]; etc.

Unio Lesumicus, BOURGUIGNAT.

Unio rostratus, Michaud, 1831. *Compl. Hist. moll.*, pl. XVI, fig. 25 (*non* de Lamarck).
— *Lesumicus*, Bourguignat, 1882. *Nov. sp.* (3).

Le Rhône, à Lyon [Michaud]; fossés du fort de la Vitriolerie, à Lyon (Rhône); la Grosne, à Marney (Saône-et-Loire) [Loc.]; etc.

Unio gobionum, BOURGUIGNAT.

Unio gobionum, Bourguignat, 1882. *In* Locard, *Prodr.*, p. 296 et 364.

Le canal du Midi, à Villefranche-Lauraguais (Haute-Garonne) [Bourguignat]; étang de Grandlieu (Loire-Inférieure) [Servain]; etc.

(1) Nous avons reçu cette forme du département de Meurthe-et-Moselle, sans autre indication de localité.

(2) Groupe européen des *Saint-Simoniana* Bourguignat, 1882.

Entre ce groupe et le précédent prennent place plusieurs groupes d'Espagne et d'Italie qui, jusqu'à présent du moins, ne paraissent pas représentés en France.

Il faut également rapporter à ce groupe les espèces suivantes : *Unio eucallistus* Bourguignat, du Danube, à Belgrade; *U. œthryus* Bourg., de Carynthie; *U. chlorellus* Castro, du Portugal; etc. (Bourg.).

(3) Le type vit dans le Lesum à Vegesack, près de Brême, en Allemagne (Bourg.).

JJ. — Groupe de l'*U. Mariæ* (1).

Unio Mariæ, F. Pacome.

Unio Mariæ, F. Pacôme, 1888. *Nov. sp.*

La Senence et la Reconce, à Charolles (Saône-et-Loire) [F. Pacôme, Bourguignat].

Unio Caroliensis, F. Pacome.

Unio Caroliensis, F. Pacôme, 1888. *Nov. sp.*

La Senence et la Reconce, à Charolles (Saône-et-Loire) [F. Pacôme, Bourguignat].

Unio Passavanti, Bourguignat.

Unio Passavanti, Bourguignat, 1888. *Nov. sp.*

Passavant (Haute-Saône) [Bourguignat].

KK. — Groupe de l'*U. pornæ* (2).

Unio Gestroianus, Bourguignat.

Unio Gestroianus, Bourguignat, 1882. *In* Locard, *Prodr.*, p. 296 et 365. — Bourguignat, 1883. *Unionidæ d'Italie*, p. 51.

Les canaux des environs de Troyes (Aube) [Bourguignat]; la Saône, à Asnières, Mâcon, Tournus, Varennes-le-Grand, Châlon-sur-Saône; la Grosne, à la Ferté et à Marnay (Saône-et-Loire); la Vesle (Ain); la Tille; l'Armançon, à Montbart; la Brizotte, près d'Auxonne (Côte-d'Or); le Doubs, près de Pontarlier (Doubs); l'Isère, près de Grenoble (Isère); le Rhône, près de Valence (Drôme); la Loire, près de Nantes (Loire-Inférieure); la Vienne, à Chinon (Indre-et-Loire); l'Indre, à Châteauroux (Indre); la Sèvre-Niortaise, à Niort (Deux-Sèvres); l'Oise, à Beauvais (Oise); la Somme, près d'Amiens (Somme); les eaux thermales de Barbotan

(1) Groupe européen des *Mariana* Bourguignat, 1888.

(2) Groupe européen des *Porniana* Bourguignat, 1884.

Entre ce groupe et celui qui précède, se trouve un groupe espagnol dont nous ne connaissons pas de représentant en France. L'*Unio callichrous* Letourneux, du Danube à Belgrade et d'Italie, appartient également au groupe des *Porniana* (Bourg.).

(Gers) (1); la villa Eugénie, à Biarritz (Basses-Pyrénées) [Loc.]; etc. (2).

Unio pornæ, Bourguignat.

Unio pornæ, Bourguignat, 1882. *In* Locard, *Prodr.*, p. 295 et 365. — Bourguignat, 1883. *Unionidæ d'Italie*, p. 52.

Fossés du fort de la Vitriolerie, à Lyon [Bourguignat]; le Rhône, à Lyon, au confluent, à Irigny, Vernaison, etc. (Rhône); le Rhône, près de Valence et de Montélimart (Drôme); le Rhône, à Avignon (Vaucluse); le Rhône, à Beaucaire et à Aramon (Gard); le Rhône, au sud d'Arles (Bouches-du-Rhône); l'Isère, à Pontchara (Isère); la Saône, à Mâconet à Tournus (Saône-et-Loire); Saint-Laurent-d'Ain (Ain); la Saône, à Auxonne; l'Albane, la Brizotte, près d'Auxonne (Côte-d'Or); la Creuse, près d'Aubusson (Creuse); le canal de Briarre, à Montargis (Loiret); la Loire, à Tours (Indre-et-Loire); la Loire, à Basse-Indre (Loire-Inférieure) [Loc.]; etc. (3)

Unio Charpyi, Drouet.

Unio Charpyi, Drouët, 1888. *In Journ. conch.*, XXXVI, p. 105. — 1889. *Union. bassin Rhône*, p. 33. pl. II, fig. 1.

Les marais de Chamousset, au confluent de l'Arc et de l'Isère (Savoie) [Drouët]; le Rhône, à Lyon, au confluent (Rhône) [Loc.]; etc.

LL. — Groupe de l'*U. mucidellus* (4).

Unio mucidellus, Bourguignat.

Unio Brevieri, *pars auct.*, *non* Bourguignat.
— *mucidellus*, Bourguignat, 1888. *Nov. sp.*

Le Ternin, à Autun (Saône et Loire) [Bourguignat]; la Canne, à Pon-

(1) Forme peu typique, mais qu'il ne faut pas confondre avec l'*U. Malafossianus*; nous l'avons reçu de l'abbé Dupuy sous le nom d'*U. Requieni*, *var. thermalis*.

(2) Le type de l'*Unio Gestroianus* se trouve aux environs de Gênes et en Toscane.

(3) Le type vit dans l'Arno à Florence; on le retrouve également dans plusieurs autres localités d'Italie.

(4) Groupe européen des *Mucidusiana* Bourguignat, 1884.

Le type du groupe est l'*Unio mucidus* Morelet, du Portugal. A ce même groupe appartiennent : *Unio Simoesi* Castro, *U. Barbozanus* Castro, *U. Castroi* Bourguignat, *U. mucidus* Morelet, *U. submucidus* Castro, etc., du Portugal (Bourg.).

tillard; l'Aroz, à Saint-Maurice (Nièvre); l'Albane (Côte-d'Or); la Vienne, à Limoges (Haute-Vienne) [Loc.]; etc.

Unio talus, BOURGUIGNAT.

Unio Requieni, var. minima, Drouët, 1857. *Unios France*, pl. VII, fig. 2 (*non* Michaud).
— *talus*, Bourguignat, 1888. *Mss*.

Le canal du Midi, à Carcassonne (Aude) [Bourguignat]; la Seine à Troyes (Aube); la Dordogne, à Sainte-Terre (Gironde); les environs d'Arles (Bouches-du-Rhône) [Drouët, Loc.]; etc.

MM. — Groupe de l'*U. falsus* (1).

Unio Cavarellus, SERVAIN.

Unio Cavarellus, Servain, 1887. *In Bull. Soc. malac. France*, IV, p. 256.

Étang de Granlieu (Loire-Inférieure) [Servain, Bourguignat] (2).

Unio falsus, BOURGUIGNAT.

Unio falsus, Bourguignat, 1882. *In* Locard, *Prodr.*, p. 295 et 363. — Bourguignat, 1883. *Unionidæ d'Italie*, p. 58.
— *plebeius*, Drouët, 1888. *In Journ. conch.*, XXXVI, p. 105. — 1889. *Union. bassin Rhône*, p. 32 (3).

La Bonde-Gendret, à Troyes (4); la Laignes, aux Riceys (Aube); la Seine, à Charenton (Seine); la Seine, à Poissy (Seine-et-Oise); la Seine,

(1) Groupe européen des *Falsusiana* Bourguignat.
L'*Unio Strobeli* Uzielli, d'Italie, appartient à ce groupe.

(2) Cette espèce vit également en Allemagne dans l'Alster, à Eppendorf près Hambourg (Servain).

(3) M. H. Drouët signale son *Unio plebeius* qui n'est autre chose que l'*Unio falsus* « dans les affluents de la Saône, de la Seine, l'Hérault, le lac du Bourget, etc. » L'auteur ajoute : « C'est un spécimen arqué de cette espèce, abondamment répandue dans les bassins du Rhône et de la Saône, que nous avons figuré dans nos *Unios de la France*, planche 6, figure 1, sous le nom inexact d'*U. Turtoni* ». Nous ne saurions partager la manière de voir de M. Drouët au sujet de cette figuration ; d'après des échantillons étiquetés de la main même de M. Drouët, son *Unio plebeius* n'a absolument aucun rapport avec son prétendu *Unio Turtoni* ; l'identification avec l'*Unio falsus* ne peut laisser subsister le moindre doute ; quant à l'*Unio Turtoni* des *Unios de la France*, il ne peut être identifié ni même rapproché du type de Payraudeau, mais en outre, par son profil, par le mode de bombement de ses valves il se rapproche beaucoup plus d'un *var. minor* de l'*Unio Ardusianus* de Reyniès, que de toute autre coquille.

(4) Cette localité, où vivait jadis le type, est actuellement détruite (Bourg.).

à Rouen (Seine-Inférieure); la Seine, à Vernon (Eure); l'Albane, la Brisotte, la Tille (Côte-d'Or); Saint-Simon, près de Toulouse; le Canal du Midi, à Villefranche-Lauraguais (Haute-Garonne); le Tech, près de Perpignan (Pyrénées-Orientales); la Pointe, près d'Angers (Maine-et-Loire); le lac du Bourget (Savoie) [Bourguignat]; la Loire, à Ingrandes (Maine-et-Loire); la Loire, à Basse-Indre et à Nantes (Loire-Inférieure); le canal de Givors, à Givors (Rhône); l'Isère, près de Grenoble; le Rhône, près de Vienne (Isère); la Saône, à Mâcon, Tournus, Châlon-sur-Saône (Saône-et-Loire); Pentoise (Jura); la Loire, à Roanne et à Villerest (Loire); la Loire, à Tours (Indre-et-Loire); la Loire, près de Nantes (Loire-Inférieure); Biarritz (Basses-Pyrénées); la Fère (Aisne); Dinan (Côtes du-Nord); Port-Sainte-Marie (Lot-et-Garonne); Lectoure (Gers) [Loc.]; etc. (1).

Unio Padanus, H. Blanc.

Unio Padanus, H. Blanc, 1883. *In* Bourguignat, *Unionidæ d'Italie*, p. 57.

Le canal du Midi, à Carcassonne (Aude) [Bourguignat] (2).

Unio strigatus, Servain.

Unio strigatus, Servain, 1886. *In Bull. Soc. malac. Franç.*, IV, p. 257.

Étang de Granlieu (Loire-Inférieure) [Servain, Bourguignat].

Unio fascellinus, Servain.

Unio fascellinus, Servain, 1882. *In* Locard, *Prodr.*, p. 295 et 364.
— *Requieni, typus*, Drouët, 1857. *Unios France*, pl. VII, fig. 1 (3).

L'Aveyron, près de Rodez (Aveyron) [Bourguignat]; fossés des forts de la rive gauche du Rhône, à Lyon; la Saône, à Couzon, Fontaines-sur-Saône, Saint-Germain-au-Mont-d'Or, etc. (Rhône); la Saône, à Mâcon et à Châlon-sur-Saône; la Grosne, à la Ferté et à Marnay (Saône-et-Loire); l'Albane, la Brizotte, la Tille (Côte-d'Or); l'étang de Veaux (Nièvre); Villeneuve (Jura) [Loc.]; l'Allier, près de Clermont-Ferrand (Puy-de-Dôme) [Drouët, Loc.]; la Loire, à Basse-Indre (Loire-Infé-

(1) Cette espèce vit également en Italie dans les lacs de Garde, de Côme, dans la province de Mantoue, dans le Pô à Turin et en Suisse (Bourg.).
(2) Le type se trouve dans le Pô à Turin (Bourg.)
(3) Cette forme représente une *var. major* de l'*Unio fascellinus* (Bourg).

rieure); les environs de Cherbourg (Manche); l'Orne, près d'Allemagne (Calvados) [Loc.]; etc.

Unio Jourdheuili, Ray.

Unio Jourdheuili, Ray, 1882. *In* Locard, *Prodr.*, p. 296 et 364.

La Seine, à Croncels-Troyes (Aube); le canal du Midi, à Villefranche-Lauraguais (Haute-Garonne) [Bourguignat]; l'étang de Veaux (Nièvre); l'Isère, près de Grenoble (Isère); canal de Givors, à Givors (Rhône) [Loc.]; etc. (1).

NN. — Groupe de l'*U. Joannisi* (2).

Unio Joannisi, Bourguignat.

Unio pictorum, *var. compressus*, de Joannis, 1858. *Nayades Maine-et-Loire*, p. 35, pl. XII, fig. 7.
— *Joannisi*, Bourguignat, 1882. *In* Locard, *Prodr.*, p. 296.

Le canal de Bouc à Arles (Bouches-du-Rhône); la Seine, au-dessous de Paris, au Pecq, etc. (Seine-et-Oise) [Bourguignat]; la Loire, l'Authion et l'Oudon (Maine-et-Loire) [de Joannis]; la Grosne, à La Ferté et à Marnay; la Saône, à Tournus (Saône-et-Loire); la Saône, à Neuville, Saint-Germain-au-Mont-d'Or, etc. (Rhône) [Loc.]; etc.

Unio cancrorum, Bourguignat.

Unio pictorum, Dupuy, 1852. *Hist. moll.*, pl. XXVI, fig. 20 (3).
— *cancrorum*, Bourguignat, 1882. *In* Locard, *Prodr.*, p. 296 et 365.

La Seine, au Pecq, à Poissy (Seine-et-Oise); Juigné-sur-Loire (Maine-et-Loire); le Triffoire, à Rozières, près de Troyes (Aube) [Bourguignat]; la Saône, à Heuilley-sur-Saône et à Saint-Jean-de-Losne (Côte-d'Or); la Loire, à Roanne et à Villerest (Loire); le canal du Nivernais, à Bazolles (Nièvre); la Loire, à Orléans (Loiret); la Loire, à Basse-Indre et à Nantes (Loire-Inférieure); la Sèvre-Nantaise, près de Montaigu (Vendée); le Rhône, au nord d'Avignon (Vaucluse); le Rhône, à Aramon (Gard) [Loc.]; etc. (4).

(1) Cette espèce se trouve aussi aux environs de Francfort (Servain).
(2) Groupe européen des *Joannisiana* Bourguignat, 1884.
(3) L'*Unio pictorum* de l'abbé Dupuy représente une forme allongée de l'*Unio cancrorum* (Bourg.).
(4) Cette espèce vit également en Portugal, en Allemagne et en Bulgarie (Bourg.).

OO. — Groupe de l'*U. Œsiacus* (1).

Unio Œsiacus, Locard.

Unio Œsiacus, Locard, 1889. *Nov. sp.*

L'Oise, à Pontoise (Seine-et-Oise) ; la Marne, à Lagny et à Meaux (Seine-et-Marne) [Loc.] ; etc.

PP. — Groupe de l'*U. Rousi*, Dupuy (2).

Unio Rousi, Dupuy.

Unio Rousii, Dupuy, 1849. *Cat. extramar. Galliæ*, n° 340. — Dupuy, 1852. *Hist. moll.*, p. 653, pl. XXVIII, fig. 18.
— *Requieni*, Gassies, 1849. *Moll. Agenais*, p. 195, pl. I, fig. 5-6 (*non* Michaud).

L'Auroue (Gers) [Dupuy] ; la Garonne, à Agen (Lot-et-Garonne) [Gassies] (3).

Unio Perroudi, Locard.

Unio Perroudi, Locard, 1888. *Nov. sp.*

Les fossés du fort de la Vitriolerie, à Lyon (Rhône) ; le Rhône, au Pont de Cordon ; le Rhône au sud de Vienne (Isère) ; le Rhône, à Valence (Drôme) ; canal de Beaucaire (Bouches-du-Rhône) ; la Saône, à Auxonne (Côte-d'Or) ; la pièce d'eau du Moulin-Blanc, à Saint-Zacharie (Var) [Loc.] ; etc. (4).

Unio cristulatus, Drouet.

Unio cristulatus, Drouët, 1889. *Union. bass. Rhône*, p. 41, pl. I, fig. 1.

Rivière de Lamalou, près Saint-Martin-de-Londres (Hérault) [Drouët].

(1) Groupe européen des *Desfontainiana* Bourguignat, 1884.
Le type de ce groupe est l'*Unio Desfontainianus* Bourg., d'Algérie et d'Espagne (Bourg.).

(2) Groupe européen des *Courquiniana* Bourguignat, 1884.
Le type de ce groupe est l'*Unio Courquinianus* Bourg., d'Espagne.

(3) M. H. Drouët (1883. *Union. bass. Rhône*, p. 29) signale cette espèce dans plusieurs stations du bassin du Rhône ; nous ne l'y avons jamais observé.

(4) Les échantillons de cette localité constituent une *var. major*. M. H. Drouët (*Loc. cit.*) en fait des *Unio Requieni* !

QQ. — Groupe de l'*U. campylus* (1).

Unio campylus, Bourguignat.

Unio campylus, Bourguignat, 1888. *Nov. sp.*

La Loire, à Saint-Gemmes, près d'Angers (Maine-et-Loire); la Loire, à Ancenis [Bourguignat], à Basse-Indre et à Nantes (Loire-Inférieure); la Sèvre-Nantaise, près Mortagne (Vendée); la Vienne, près Châtellerault (Vienne) [Loc.]; l'Arconce, à Charolles (Saône-et-Loire) [Bourguignat]; etc.

Unio arcuatulus, Bourguignat.

Unio arcuatulus, Bourguignat, 1888. *Nov. sp.*

La Seine, à Poissy (Seine-et-Oise); la Poissonnière, près d'Angers (Maine-et-Loire) [Bourguignat]; etc.

Unio Sousanus, Castro.

Unio Requieni, var. arcuata, Drouët, 1857. *Unios France*, pl. VII, fig. 3 *(non* Michaud).
— *Requieni, var. arcuatus*, de Joannis, 1858. *Nayades Maine-et-Loire*, p. 31, pl. XI, fig. 2 *(non* Michaud).
— *Sousanus*, Castro, 1884. *Nov. sp.*

La Vacherie, à Troyes (Aube) [Drouët]; la Sarthe [de Joannis, Bourguignat]; l'Arconce, à Marolles [Bourg.]; la Saône, à Châlon-sur-Saône; la Grosne, à Marnay (Saône-et-Loire); la Saône, à Gray (Haute-Saône); Varennes (Jura); la Loire, près de Nantes (Loire-Inférieure); le Rhône, près de Valence (Drôme) [Loc.]; etc. (2).

RR. — Groupe de l'*U. vinceleus* (3)

Unio vinceleus, de Joannis.

Unio pictorum, var. vinceleus, de Joannis, 1858. *Nayades Maine-et-Loire*, p. 34, pl. XII, fig. 4.

(1) Groupe européen des *Cyrtusiana* Bourguignat, 1884.
Le type de ce groupe est l'*Unio Cyrtus* Castro, du Tage, à Santarem.
Entre ce groupe et le précédent se placent deux groupes d'espèces nombreuses d'Espagne, de Portugal et d'Algérie. — A ce même groupe appartiennent les *U. Cyrtus*, *U. novus*, etc, de M. Castro, du Portugal (Bourg.).

(2) Cette espèce vit également en Portugal et dans le nord de l'Espagne (Bourg.).

(3) Groupe européen des *Vinceleusiana* Bourguignat, 1884.
A ce groupe appartient l'*Unio Scutaricus* Bourg., de Scutari (Bourg.).

Unio vinceleus Bourguignat, 1882. *In* Locard, *Prodr.*, p. 298.
— *occidaneus*, Drouët, 1888. *In Journ. conch.*, XXXVI, p. 104. — 1889. *Union. bass. Rhône*, p. 30 *(pars)* (1).

La Loire et la Verzée [de Joannis]; Juigné-sur-Loire [Bourguignat] (Maine-et-Loire]; canal de Mons à Condé (Nord); la Loire, à Saint-Gondon (Loiret); la Loire, à Nantes (Loire-Inférieure); la Vienne, à Châtellerault (Vienne); la Grosne, à Marnay (Saône-et-Loire); la Saône, à Collonges, Couzon, Neuville-sur Saône, etc. (Rhône) [Loc.]; le Doubs, Longepierre (Doubs) [Drouët]; etc. (2).

Unio Euthymeanus, Locard.

Unio Euthymeanus, Locard, 1888. *Mss.*

La Saône, au nord de Lyon, à Collonges, Couzon, Neuville-sur-Saône, Saint-Germain-au-Mont-d'Or (Rhône) [Loc.].

Unio tumens, de Joannis.

Unio pictorum, var. tumens, de Joannis, 1858. *Nayades Maine-et-Loire*, p. 35, pl. XII, fig. 6.
— *tumens*, Bourguignat, 1882. *In* Locard, *Prodr.*, p. 298.

La Seine, au Pecq, à Poissy, etc. (Seine-et-Oise); la Loire, au pont de Cé, près d'Angers (Maine-et-Loire) [Bourguignat]; la Loire, à Saint-Gondon (Loiret); la Loire, à Tours (Indre-et-Loire); l'Eure, à Chartres (Eure-et-Loir); la Loire, à Ancenis, à Basse-Indre et à Nantes (Loire-Inférieure); la Vienne, à Limoges (Haute-Vienne); la Sèvre-Nantaise, à Mortagne (Vendée); la Loire, à Roanne et à Villerest (Loire) [Loc.]; etc.

(1) D'après M. H. Drouët, l'*Unio occidaneus* aurait été figuré par Draparnaud *(Hist. Moll.*, pl. XI, fig. 4) sous le nom d'*Unio pictorum* et par Gassies *(Moll. Agenais*, pl. I, fig. 5-6) sous celui d'*Unio Requieni*.

Il suffit de comparer ces deux figurations pour voir qu'elles appartiennent évidemment à deux espèces différentes; la première est l'*Unio Salmurensis* Servain, du groupe de l'*U. Requieni (vide ante*, p. 51); la seconde représente une *var. minor* de l'*U. Rousi (vide ante*, p. 58).

Un échantillon du Doubs à Longepierre déterminé par M. H. Drouët sous le nom d'*U. occidaneus* n'est autre chose que l'*Unio vinceleus*.

(2) M. H. Drouët, signale son *Unio occidaneus* dans « le Rhône, la Saône, le Doubs, les bassins de la Garonne et de la Loire ». Nous n'avons constaté ces assertions que dans les localités que nous avons indiquées.

SS. — Groupe de l'*U. Holandrei* (1).

Unio Pinciacus, BOURGUIGNAT.

Unio Pinciacus, Bourguignat, 1882. *In* Locard, *Prodr.*, p. 292 et 362.

La Seine, à Bougival, Poissy, etc., près de Paris (Seine et Seine-et-Oise) [Bourguignat].

Unio torsatellus, BERTHIER.

Unio torsatellus, Berthier, 1882. *In* Locard, *Prodr.*, p. 292 et 363.

La Seine, au Pecq (Seine-et-Oise) [Bourguignat].

Unio Dollfusianus, BOURGUIGNAT.

Unio Dollfusianus, Bourguignat, 1882. *In* Locard, *Prodr.*, p. 299 et 366.

La Seine, au-dessus de Paris, Carrières, Saint-Denis, Chatou, etc. (Seine et Seine-et-Oise) [Bourguignat]; l'Oise, à Creil (Oise); la Drée à Épinac (Saône-et-Loire) [Loc.]; etc.

Unio Hollandrei, DE SAULCY.

Unio Holandrei, de Saulcy, 1882. *In* Locard, *Prodr.*, p, 299 et 366.

La Moselle, à Metz; la Seine, à Bourgival, Chatou, etc. (Seine-et-Oise); Juigné-sur-Loire (Maine-et-Loire) [Bourguignat]; la Marne, à Lagny et à Meaux (Seine-et-Marne) [Loc.]; etc.

Unio Ardusianus, DE REYNIES.

Unio Ardusianus, de Reyniès, 1843. *Lettre à Moquin-Tandon*, p. 5, pl. I, fig. 7-8. — Dupuy, 1852. *Hist moll.*, p. 653, pl. XXVIII, fig. 17. — Locard, 1882. *Prodr.*, p. 293.

— *Turtonii*, Drouët, 1857. *Unios France*, pl. VI, fig. 1 (*var minor*, *non* Payraudeau).

L'Ardus, près de Montauban (Aveyron) [de Reyniès]; Lectoure (Gers); le Serain, affluent de l'Yonne, à Ruffey (Côte-d'Or); la Seine, à Troyes (Aube) [Bourguignat]; la Loire, à Balbigny (Loire) [Loc.]; etc.

(1) Groupe européen des *Holandriana* Bourguignat, 1884.
A ce groupe il faut joindre les espèces suivantes : *Unio Stephaninii* Adami, de Dalmatie; *U. Hagenmulleri* Bourguignat, d'Algérie; etc.

Unio Lugdunicus, Coutagne.

Unio Lugdunicus, Coutagne, 1883. *Nov. sp.*

Les fossés du fort de la Vitriolerie, à Lyon [Bourguignat, col. Coutagne]; le Rhône, au confluent de la Saône (Rhône); le Rhône, à Valence (Drôme); la Saône, à Tournus et à Varennes-le-Grand (Saône-et-Loire) [Loc.]; etc.

Unio Oberthurianus, Bourguignat.

Unio Oberthurianus, Bourguignat, 1883. *Nov. sp.*

Canal de Bretagne, à Saint-Congard (Morbihan) [Bourguignat].

TT. — Groupe de l'*U. asticus* (1).

Unio mucidulus, Bourguignat.

Unio mucidulus, Bourguignat, 1882. *In* Locard, *Prodr.*, p. 298 et 366.

La Seine, à Chatou, Port-Marly, le Pecq, Poissy, etc. (Seine-et-Oise) [Bourguignat]; la Marne, à Châlons-sur-Marne (Marne); la Grosne, à La Ferté et à Marnay; la Saône, à Tournus (Saône-et-Loire); la Saône, au nord de Lyon, à Couzon, Saint-Germain-au-Mont-d'Or, etc.; le lac du parc de la Tête-d'Or, à Lyon (Rhône); le Rhône, à Valence (Drôme); la Loire, à Nevers (Nièvre); le Cosson, près de Blois (Loir-et-Cher); la Thoue (Deux-Sèvres); la Loire, à Basse-Indre et à Nantes [Loc.]; étang de Grandlieu (Loire-Inférieure) [Servain]; etc. (2).

Unio mucidulinus, Locard.

Unio mucidulinus, Locard, 1889. *Mss.*

Varennes, Vers (Jura); la Saône, à Auxonne (Côte-d'Or) [Loc.]; etc.

Unio asticus, Servain.

Unio asticus, Servain, 1887. *In Bull. Soc. malac. France*, IV, p. 259.

Étang de Grandlieu (Loire-Inférieure) [Servain, Bourguignat].

(1) Groupe européen des *Asticusiana* Bourguignat, 1887.
L'*Unio Hammonis* Servain, de l'Elbe, à Hambourg, appartient à ce groupe (Bourg.).
(2) L'*Unio mucidulus* vit également en Allemagne, notamment à Bothenbourg (Servain).

Unio eutrapelus, Servain.

Unio eutrapelus, Servain, 1887. *In Bull. Soc. malac. France*, IV, p. 260.

Étang de Grandlieu, vers l'embouchure de la Boulogne (Loire-Inférieure) [Servain, Bourguignat].

UU. — Groupe de l'*U. Ægericus* (1).

Unio Ægericus, Locard.

Unio Ægericus, Locard, 1888. *Nov. sp.*

La Baise, à Valence (Gers) [Loc.].

VV. — Groupe de l'*U. Jousseaumei* (2).

Unio Jousseaumei, Bourguignat.

Unio Jousseaumei, Bourguignat, 1882. *In* Locard, *Prodr.*, p. 294 et 360.

La Seine, au Pecq (Seine-et-Oise); la Saône, à Saint-Germain-au-Mont-d'Or [Bourguignat]; à Coilonges, Couzon, Neuville, etc. (Rhône); la Saône, à Auxonne (Côte-d'Or); l'Ouveze, près de Privas (Ardèche) [Loc.]; etc.

Unio atharsus, Bourguignat.

Unio atharsus, Bourguignat, 1880. *Mss.*

Varennes (Jura) [Bourguignat, Loc.] (3).

XX. — Groupe de l'*U. Deshayesi* (4).

Unio Deshayesi, Michaud.

Unio Deshayesi, Michaud, 1832. *Compl. Hist. moll.*, p. 107, pl. XVI,

(1) Groupe européen des *Ægericiana* Locard, 1888.

(2) Groupe européen des *Jousseaumeana* Bourguignat, 1884.

A ce groupe appartiennent les formes suivantes : *U. Ravoisini* Deshayes, d'Algérie ; *U. Ambrosianus* Adami, d'Italie ; etc.

Entre ce groupe et le suivant se place le groupe de l'*Unio microdactylus* Fagot, de la péninsule Hispanique.

(3) Le type vit en Espagne et en Algérie (Bourg.)

(4) Groupe européen des *Granigeriana* Bourguignat, 1884.

Ce groupe a pour type l'*Unio graniger* Ziegler, de Carniole, Croatie, Suisse, Lombardie, etc.; il renferme également l'*U. actephilus* Bourg., de Suisse.

fig. 20. — Rossmässler, 1836. *Iconogr.*, III, p. 23, pl. XII, fig. 197. — Locard, 1882. *Prodr.*, p. 297.

Quimper (Finistère) [Michaud] (1).

YY. — Groupe de l'*U. Danielis* (2).

Unio Danielis, GASSIES.

Unio Danielis, Gassies, 1867. *In Actes Soc. Lin. Bordeaux*, XXV, p. 132, pl. I, fig. 8. - Locard, 1882. *Prodr.*, p. 293.

Étang de l'Église-Vieille, près de la Porge, au-dessus du bassin d'Arcachon (Gironde) [Gassies, Bourguignat].

Unio Corbini, BOURGUIGNAT.

Unio longirostris, pars, de Joannis, 1858. *Nayades Maine-et-Loire*, p. 34 *(non* Ziegler).
— *Danielis, pars*, Gassies, 1867. *In Actes Soc. Lin. Bordeaux*, XXV, p. 132.
— *Requienii*, Dupuy, 1878. *In Journ. conch.*, XXV, p. 18 (*n.* Michaud).
— *Corbini*, Bourguignat, 1882. *In* Locard, *Prodr.*, p. 292 et 362.

Les eaux thermales de Barbotan (Gers) [Dupuy, Bourguignat]; étang de l'Église-Vieille, au-dessus du bassin d'Arcachon (Gironde) [Bourguignat]; etc.

Unio Michaudianus, DES MOULINS.

Unio Michaudiana, des Moulins, 1833. *In Act. Soc. Lin. Bordeaux*, VI, p. 27, pl. I, fig. 1-4.
— *tumidus, var. Michaudianus*, Moquin-Tandon, 1855. *Hist. moll.*, II, p. 577.

Étang de la commune de Verdun, dans l'arrondissement de Bergerac (Dordogne) [Des Moulins, Dupuy, Moquin-Tandon] (3).

(1) Vraisemblablement de l'Odetta, la seule rivière du pays. — Cette espèce se trouve également en Danemark (Bourg.).

(2) Groupe européen des *Hispaniana* Bourguignat, 1884.

Le type de ce groupe est l'*Unio Hispanus* Graëls, d'Espagne.

A ce même groupe il faut rattacher le superbe *Unio hyperephanus* Castro, du Portugal (Bourg.).

(3) C'est avec un point de doute que nous inscrivons ici cette grande et belle espèce décrite et figurée par des Moulins d'après un individu unique; nous ne connaissons ce type que d'après sa description et sa figuration ; il est vrai de dire que quelques années avant la publication de des Moulins on avait pêché un très grand nombre de sujets dans le même étang. Il serait donc intéressant de faire de nouvelles recherches à ce sujet.

Unio Triffoiricus, Bourguignat.

Unio Triffoiricus, Bourguignat, 1885. *In* Schroeder, *Bull. Soc. malac. France*, II, p. 229.

Le Triffoire, à Rosières, près de Troyes (Aube) [Bourguignat]; le Menthon (Ain); la Saône, à Saint-Germain-au-Mont-d'Or, à Neuville, etc., (Rhône); la Brizotte, la Tille, près d'Auxonne (Côte-d'Or); la Grosne, à Marnay (Saône-et-Loire); Varennes (Jura); le Rhône, à Avignon (Vaucluse); le Rhône, à Beaucaire (Gard); la Loire, à Basse-Indre (Loire-Inférieure) [Loc.]; etc. (1).

Unio Fagoti, Bourguignat.

Unio Fagoti, Bourguignat, 1882. *In* Locard, *Prodr.*, p. 296 et 362.

Le lac d'Yrieu (Landes) [Bourguignat] (2).

Unio subhispanus, Castro.

Unio subhispanus, Castro, 1888. *Nov. sp.*

La Loire, à Saint-Gemmes, près Angers (Maine-et-Loire); la Saône, à Collonges, Couzon, Neuville, etc. (Rhône) [Loc.]; etc. (3).

Unio Royanus, Locard.

Unio Royanus, Locard, 1888. *Nov. sp.*

Les fossés du fort de la Vitriolerie, à Lyon (Rhône); Pentoise (Jura); la Marne, à Châlons (Marne) [Loc.]; etc.

ZZ. — Groupe de l'*U. rostratus* (4).

Unio rostratus, de Lamarck.

Unio rostrata, de Lamarck, 1819. *Anim. sans vert.*, VI, I, p. 77.

(1) C'est par erreur que M. Schroeder a dit que cette espèce était l'*Unio pictorum* figuré par M. H. Drouët (*Unios France*, pl. VIII), la forme ainsi représentée est l'*Unio rostratus* de Lamarck.

(2) On retrouve également cette espèce en Portugal, dans le Sado (Bourg.).

(3) Le type vit en Portugal.

(4) Groupe européen des *Rostratiana* Bourguignat, 1882.

Il faut rattacher à ce groupe les formes suivantes : *Unio calliodon* Galland, de Bulgarie; *U. Balatonicus* Servain, de Hongrie; *U. subbalatonicus* Bourg., de l'Allemagne du Nord; *U. pedemontanus* Bourg., d'Italie; *U. Ascanius* Galland, d'Anatolie; *U. rhychetinus* Letourneux, de Bulgarie, Croatie, Italie, etc.; *U. acramblyus* Bourg., d'Autriche, etc. (Bourg.).

Unio pictorum, Rossmässler, 1836. *Iconogr.*, VII, p. 23, pl. XIII, fig. 196. — Drouët, 1857. *Unios France*, pl. VIII.
— *rostratus*, Bourguignat, 1882. *In* Locard, *Prodr.*, p. 297.

La Seine, au Pecq, à Poissy, etc. (Seine et Seine-et-Oise); la Seine, à Rouen (Seine-Inférieure); le canal du Rhône au Rhin, près Mulhouse [Bourguignat]; l'Escaut, à Valenciennes (Nord) [Drouët]; le canal de Mons, à Condé (Nord); la Somme, à Abbeville (Somme); la Rille, à Pont-Audemer; la Seine, à Vernon et aux Andelys (Eure); l'Orne, à Caen (Calvados); la Saône, à Auxonne, la Tille, la Brizotte (Côte-d'Or); la Saône, à Gray (Haute-Saône); la Saône, à Châlon-sur-Saône, Tournus, Mâcon (Saône-et-Loire); Saint-Laurent d'Ain, la Veyle (Ain); la Saône, à Saint-Germain-au-Mont-d'Or, Couzon, Collonges, etc.; les fossés des forts de la rive gauche du Rhône, à Lyon; le Rhône, à Irigny, Vernaison, etc.; le canal de Givors, à Givors (Rhône); le Rhône, au Pont-de-Cordon (Isère); le Rhône, à Sarras et à Tournon; l'Ouvèze, près de Privas (Ardèche); le Rhône, près de Valence (Drôme); le Rhône, à Avignon (Vaucluse); le Rhône, à Arles et à Tarascon (Bouches-du-Rhône); le lac de la Négresse (Basses-Pyrénées) [Loc.]; etc. (1)

Unio macropisthus, BOURGUIGNAT.

Unio pictorum, var., Rossmässler, 1837. *Iconogr.*, V et VI, p. 55, pl. XXIX, fig. 409 *(non auct.)*
— *macropisthus*, Bourguignat, 1881. *Mss.*

La Seine, au nord de Rouen (Seine-Inférieure); la Saône, à Auxonne et à Saint-Jean-de-Losne (Côte-d'Or); la Saône, à Gray (Haute-Saône); la Saône, à Châlon-sur-Saône (Saône-et-Loire) [Loc.]; etc.

Unio longirostris, ZIEGLER.

Unio longirostris, Ziegler, 1836. *In* Rossmässler, *Iconogr.*, III, p. 36, pl. XIV, fig. 200. — Locard, 1882. *Prodr.*, p. 292.

Le Rhône, au confluent, à Lyon (Rhône); le Rhône, aux environs d'Avignon (Vaucluse); le Rhône, à Arles (Bouches-du-Rhône) [Loc.]; etc. (2).

(1) Cette même espèce est très abondante dans tous les grands fleuves du nord de l'Allemagne; elle vit également en Russie et en Italie (Bourg.).
(2) Le type vit en Autriche et en Dalmatie.

Unio proechistus, BOURGUIGNAT.

Unio proechistus, Bourguignat, 1870. *In* Servain, *Ann. malac.*, I, p. 69. — Locard, 1882. *Prodr.*, p. 296.

La Saône, à Saint-Jean-de-Losne et à Auxonne (Côte-d'Or); la Saône, à Saint-Laurent-d'Ain, vis-à-vis Mâcon (Ain); la Saône, à Neuville-sur-Saône et à Couzon (Rhône); les fossés des forts de la rive gauche du Rhône, à Lyon; le Rhône, à Irigny et à Vernaison (Rhône); le Rhône, à Valence (Drôme) [Loc.]; etc. (1).

Unio rostratellus, BOURGUIGNAT.

Unio rostratellus, Bourguignat, 1882. *In* Locard, *Prodr.*, p. 297 et 365.

La Seine, au-dessous de Paris, au Pecq, à Poissy, etc. (Seine et Seine-et-Oise) [Bourguignat]; la Seine, à Vernon et aux Andelys (Eure); la Seine, au nord de Rouen (Seine-Inférieure); la Moselle, à Marbache (Meurthe); la Saône, à Saint-Germain-au-Mont-d'Or, Neuville, Couzon, Collonges (Rhône); le Rhône, à Valence (Drôme); le Rhône, près d'Avignon (Vaucluse); la Loire, à Nantes (Loire-Inférieure) [Loc.]; etc. (2).

Unio siliquiformis, LOCARD.

Unio graniger, pars, Schmidt, 1847. *Syst. Krain.*, p. 26.
— *siliquiformis*, Locard, 1888. *Nov. sp.*

Briouze-Saint-Gervais (Orne); Heuilley-sur-Saône (Côte-d'Or); la Grosne à Marnay; la Saône, près de Mâcon (Saône-et-Loire); la Saône, à Saint-Germain-au-Mont-d'Or, Neuville, Couzon, Collonges, etc. (Rhône) [Loc.]; le canal du Midi, à Villefranche-Lauraguais (Haute-Garonne) [Bourguignat]; etc.

Unio niger, DE JOANNIS.

Unio pictorum, var. niger, de Joannis, 1858. *Nayades Maine-et-Loire*, p. 34, pl. XII, fig. 2.
— *niger*, Bourguignat, 1882. *In* Locard, *Prodr.*, p. 298.

La Loire, à Saumur, à Juigné-sur-Loire; la Maine, à Angers (Maine-et-Loire); Boulancourt (Haute-Marne); canal de Boucq à Arles (Bouches-du-Rhône); la rivière de Soulaine, à Boutefer, Rosnay, etc. (Aube)

(1) L'*Unio proechistus* vit en Croatie et en Bulgarie; le type vient du bas Danube (Bourg.)
(2) On rencontre également cette même espèce dans les fleuves de l'Allemagne du Nord notamment dans l'Elbe aux environs de Francfort (Servain).

[Bourguignat]; la Mayenne et l'Oudon (Maine-et-Loire) [de Joannis]; la Sarthe, près d'Alençon (Orne); la Morte, à Nevers (Nièvre); l'Allier, à Moulins (Allier); le canal de Briarre, à Montargis (Loiret); la Loire, près de Nantes (Loire-Inférieure); la Saône, à Saint-Laurent-d'Ain, près de Mâcon (Ain) [Loc.]; l'Arconce, à Charolles (Saône-et-Loire) [Bourg.]; la Saône, au nord de Lyon, à Saint-Germain-au-Mont-d'Or, Couzon, etc. (Rhône) [Loc.]; etc. (1).

Unio Berilloni, Locard.

Unio Berilloni, Locard, 1882. *In Prodr.*, p. 298.

Le lac d'Ondres (Basses-Pyrénées) [Loc.].

Unio maximus, Mörch.

Unio pictorum, *var. maxima*, Mörch, 1864. *Syn. moll. Sueciæ*, p. 78.
— *maximus*, Bourguignat, 1882. *In* Locard, *Prodr.*, p. 298.

Le Rhône, à Lyon [Bourguignat]; au confluent; dans les fossés des forts de la rive gauche du Rhône; à Irigny et à Vernaison (Rhône); le Rhône, à Valence (Drôme); le Rhône, à Tournon et au Teil (Ardèche); le Rhône, près d'Avignon (Vaucluse); le Rhône, à Arles (Bouches-du-Rhône); la Loire, à Roanne et à Villerest (Loire); la Saône, à Asnières, Saint-Laurent-d'Ain, près de Mâcon (Ain); la Saône, à Auxonne, la Tille, le Sarron (Côte-d'Or); la Saône, à Gray (Haute-Saône); la Seine, au nord de Rouen (Seine-Inférieure); la Seine, à Vernon (Eure) [Loc.]; etc. (2).

Unio limosus, Nilsson.

Unio limosus, Nilsson, 1882. *Moll. Sueciæ*, p. 110. — Rossmässler, 1836. *Iconogr.*, III, p. 33, pl. XIII, fig. 199. — Locard, 1882. *Prodr.*, p. 293.

La Marne, à Jaulgonne (Aisne); la Loire, à Saint-Gemmes, près d'Angers (Maine-et-Loire); les fossés du fort de la Vitriolerie, à Lyon (Rhône) [Bourguignat]; le Rhône, à Valence (Drôme); la Loire, à Nantes (Loire-Inférieure) [Loc.]; etc. (3).

(1) Cette espèce vit également en Allemagne (Bourg.).

(2) Le type vit en Danemark; on le retrouve également en Allemagne notamment, dans l'Elbe et dans l'étang de Dieskau (Servain).

(3) Cette espèce dont le type se trouve en Suède, vit également aux environs de Francfort, en Allemagne (Servain).

Unio Malafossianus, Fagot.

Unio Requieni, var. permaxima, Dupuy, 1877. *In Journ. conch.*, XXV, p. 22 (*non* Michaud).
— *Malafossianus*, Fagot, 1882. *In* Locard, *Prodr.*, p. 297.

Les eaux thermales de Barbotan (Gers) [Dupuy, Bourguignat].

Unio rhynchetinus, Letourneux.

Unio rhynchetinus, Letourneux, 1882. *In* Servain, *Hist. moll. acéph. Francf.*, p. 24. — Bourguignat, 1883. *Union. Italie*, p. 61.

La Seine, au nord de Rouen (Seine-Inférieure); l'Allier, à Moulins (Allier); la Loire, à Nantes (Loire-Inférieure); la Saône, à Châlon-sur-Saône, à Tournus; la Grosne, à Marnay (Saône-et-Loire); la Saône, à Neuville-sur-Saône; les fossés des forts de la rive gauche du Rhône à Lyon (Rhône); le Rhône, à Avignon (Vaucluse); le Rhône, à Aramon (Gard); le Rhône, à Tarascon et à Arles (Bouches-du-Rhône) [Loc.]; etc. (1).

Unio bardus, Bourguignat.

Unio bardus, Bourguignat, 1881. *In* Servain, *Malac. lac Balaton*, p. 98 — Locard, 1882. *Prodr.*, p. 299.

La Seine, au Pecq, à Poissy, etc. (Seine-et-Oise) [Bourguignat]; l'Eure, près d'Évreux (Eure) [Loc.]; la Loire, à Saumur (Maine-et-Loire); la Meurthe, à Nancy (Meurthe-et-Moselle) [Bourguignat]; l'Escault, à Valenciennes (Nord); la Meuse, à Sédan et Mézières (Ardennes) [Loc.]; etc. (2).

AAA. — Groupe de l'*U. tumidus* (3).

Unio tumidus, Philipsson.

Unio tumidus, Philipsson, 1788. *Nov. gen.*, p. 17. — Rossmäsler. 1823.

(1) Cette espèce vit en Bulgarie, en Croatie, en Italie, etc. Le type a été trouvé aux environs de Siö-Fox en Hongrie (Servain).

(2) Cette espèce vit également en Hongrie, en Carniole et dans les environs de Hambourg (Bourg.).

(3) Groupe européen des *Tumidusiana* Bourguignat, 1882.

Il convient de rapporter à ce groupe les formes suivantes : *Unio limicola* Mörch, de Danemark et de l'Allemagne du Nord; *U. coniformis* Locard, du lac de Neuchâtel en Suisse; *U. Borysthenicus* Servain, d'Allemagne; *U. anabœnus* Servain, d'Allemagne; *U. Spengeli* Bourg., d'Allemagne; *U. tumidiformis* Castro, du Portugal; *U. Sadoicus* Castro, *U. macropygus* Castro, *U. eupygus* Castro, également du Portugal; *U. Pietri* Loc., de Syrie; etc. (Bourg.).

Iconogr., III, p. 27, pl. XVI, fig. 204. — Locard, 1882. *Prodr.*, p. 299.
Unio rostrata, Waardenburg, 1827. *Moll. Belgique*, p. 36.
— *inflata*, Hécart, 1827. *Mem. Soc. agr. Valenciennes*, I, p. 248.

L'Yvette, à Orsay; la Seine, à Saint-Cloud, Poissy, au Pecq, etc. (Seine-et-Oise); l'Yonne, à Auxerre (Yonne) [Bourguignat]; la Seine, aux Andelys et à Vernon; l'Eure, près d'Évreux (Eure); la Seine, depuis Rouen, jusqu'à son embouchure (Seine-Inférieure); la Marne, à Châlons-sur-Marne (Marne); la Marne, à Meaux, Lagny, Chelles, etc. (Seine-et-Marne); l'Aisne, à Guignicourt (Ardennes); la Meurthe, à Nancy (Meurthe) [Loc.]; etc. (1).

Unio tumidulus, Locard.

Mya ovata, Denovan, 1802. *Brit. shells*, pl. CXXII, fig. 1.
Unio tumidus, Rossmässler, 1836. *Iconogr.*, pl. XIV, fig. 203. — 1838. *Loc. cit.*, pl. XL, fig. 541. — 1840. *Loc. cit.*, pl. LX, fig. 773. — Dupuy, 1852. *Hist. moll.*, pl. XXVIII, fig. 20. — Turton, 1857. *Man. shells Brit.*, pl. II, fig. 13. — Forbes et Hanley, 1859. *Brit. moll.*, pl. XL, fig. 1. — Reeve, 1863. *Land fresch. moll. Brit.*, p. 219.
— *tumidulus*, Locard, 1889. *Nov. sp.*

La Seine, au Pecq (Seine-et-Oise); la Seine, au nord de Rouen Seine-Inférieure); les environs de Condé et de Valenciennes (Nord); la Meuse, à Mézières et à Charleville (Ardennes) [Loc.]; etc. (2).

Unio Aldemaricus, Locard.

Unio Aldemaricus, Locard, 1889. *Nov. sp.*

La Rille, à Pont-Audemer (Eure); l'Aisne, à Guignicourt (Ardennes). [Loc.]

Unio conus, Spengler.

Unio conus, Spengler, 1864. *In* Mörch, *Syn. moll. Daniæ*, p. 77. — Locard, 1882. *Prodr.*, p. 299.

(1) Cette espèce très commune dans tous les cours d'eau d'Allemagne, de Suède, du Danemark, etc., vit également en Russie, en Albanie, en Bulgarie et même en Anatolie, dans le lac Sabaudja (Bourg.).

(2) On retrouve également cette même forme en Suède, en Angleterre et en Allemagne.

La Moselle, à Metz [Bourguignat]; la Marne, à Lagny et à Meaux (Seine-et-Marne); l'Eure, près d'Évreux (Eure); la Meuse, à Charleville (Ardennes); la Meurthe, à Nancy (Meurthe-et-Moselle) [Loc.]; etc. (1).

Unio Fourneli, Bourguignat.

Unio Fourneli, Bourguignat, 1882. *In* Locard, *Prodr.*, p. 300 et 367.

La Moselle, à Metz; la Seine, à Poissy (Seine-et-Oise) [Bourguignat]; la Marne, à Meaux et à Lagny (Seine-et-Marne) [Loc.] (2).

Unio pictus, Beck.

Unio tumidus, var. picta, Mörch, 1864. *Syn. moll. Daniæ*, p. 77.
— *pictus*, Beck, 1888. *Mss.*, *teste* Bourguignat.

La Marne, à Meaux, Lagny, Chelles, etc. (Seine-et-Marne); la Seine, à Paris; l'Oise, à Creil et à Pontoise (Oise); la Charente, à Saintes (Charente-Inférieure); la Meuse, à Mézières et à Charleville (Ardennes) [Loc.]; etc. (3).

BBB. — Groupe de l'*U. edyus* (4).

Unio edyus, Bourguignat.

Unio edyus, Bourguignat, 1882. *In* Locard, *Prodr.*, p. 299 et 367.

La Seine, entre Poissy et Saint-Germain (Seine-et-Oise) [Bourguignat].

CCC. — Groupe de l'*U. Alpecanus* (5).

Unio Alpecanus, Bourguignat.

Unio Alpecanus, Bourguignat, 1882. *In* Locard, *Prodr.*, p. 285 et 355.

La Seine, au Pecq et à Poissy (Seine-et-Oise); la Moselle, à Metz [Bourguignat]; l'Oise, à Creil (Oise); l'Eure, près d'Évreux; la Seine, à

(1) Le type vit en Danemark, et se retrouve également dans l'Allemagne du nord (Bourg.).

(2) Cette espèce vit également dans l'Ulster et dans les autres cours d'eau des environs de Francfort en Allemagne (Bourg.).

(3) Le type vit en Danemark (Mörch, Bourg.).

(4) Groupe européen des *Eydyusiana* Bourguignat, 1888.
L'*Unio pilarianus* Bourguignat, de Croatie, appartient également à ce groupe.
Entre ce groupe et le suivant il existe dans le système européen plusieurs groupes de formes étrangères (Bourg.).

(5) Groupe européen des *Alpecanusiana* (Bourg.).

Vernon et aux Andelys; la Rille, à Pont-Audemer (Eure); la Seine, au nord de Rouen (Seine-Inférieure) [Loc.]; etc. (1).

Unio incurvatus, Colbeau.

Unio Batavus, var. incurvatus et *Belgicus* (2), Colbeau, 1868. *In Ann. malac. Belg.*, III, p. 106, pl. IV, fig. 2-3.
— *incurvatus*, Bourguignat, 1882. *In* Locard, *Prodr.*, p. 286.

La Seine, au dessous de Paris, à Poissy, au Pecq, à Chatou, etc. (Seine-et-Oise) [Bourguignat]; la Loire, à Nantes (Loire-Inférieure); la petite Maine, à Montaigu (Vendée) [Loc.]; etc. (3).

DDD. — Groupe de l'*U. Heckingi* (4).

Unio Heckingi, Cobleau.

Unio tumidus, var. Heckingi, Colbeau, 1868. *In Ann. malac. Belg.*, III, p. 106, pl. IV, fig. 1.
— *Heckingi*, Bourguignat, 1882. *In* Locard, *Prodr.*, p. 299.

La Seine, à Poissy (Seine-et-Oise) [Bourguignat]; la Meuse à Mézières (Ardennes); la Charente, à Saintes (Charente-Inférieure) [Loc.]; etc. (5).

(1) L'*Unio Alpecamus* vit également dans le Mein, près Francfort (Bourg.)

(2) Sous-variété *minor* de la var. *incurvatus*.

(3) Le type de cette espèce vit en Belgique (Colbeau).

(4) Groupe européen des *Heckingiana* Bourguignat, 1884.

A ce groupe appartiennent les formes suivantes : *Unio Mulleri* Rossmässler, d'Allemagne; *U. Sautaremicus* Castro, du Tage, et plusieurs espèces syriennes (Bourg.).

(5) Le type vit en Belgique (Colbeau); on le retrouve également en Allemagne, aux environs de Francfort.

NOTES ET DESCRIPTIONS

DES

ESPÈCES NOUVELLES

Genre MARGARITANA (p. 15.)

Dans notre *Prodrome* (1), tel que nous l'avons publié en 1882, nous avons admis, comme le font ordinairement la plupart des auteurs, une forme unique dans le genre *Margaritana*, le *M. margaritifera* de Linné. L'étude d'un beaucoup plus grand nombre d'échantillons que nous n'en possédions à cette époque nous conduit aujourd'hui à admettre dans ce même genre six espèces bien distinctes :

1° *Margaritana margaritifera* Linné. — Dans sa dixième comme dans sa douzième édition du *Systema naturæ* (2), Linné appuie sa diagnose sur trois références iconographiques empruntées à Lister (3) et à Klein (4). Ces trois figurations, quoique assez médiocres, représentent cependant la même coquille nettement caractérisée par une région antérieure relativement haute et bien développée. Tel sera désormais pour nous le véritable type du *Margaritana margaritifera*. Nous retrouvons également cette même forme bien représentée dans différentes iconographies que nous avons citées dans notre synonymie. Cette forme est essentiellement septentrionale ; elle vit en Suède, en Norwège, en Danemark, en Angleterre, etc. ; mais c'est avec un point de doute que nous l'indiquons en

(1) A. Locard, 1882. *Prodr. malac. Franç.*, p. 282.
(2) Linné, 1758. *Systema naturæ*, édit. X, p. 671. — 1767. Édit. XII, p. 2113.
(3) Lister, 1678. *Syn. meth. conch.*, pl CXLIX, fig. 4.
— 1670. *Hist. an. Angl.*, app., 15, pl. I, fig. 1.
(4) Klein, 1753. *Tent. meth. ostracol.*, pl. X, fig. 47.

France, d'après un échantillon qui aurait été trouvé dans le département de la Manche; c'est le seul individu que nous connaissions qui puisse véritablement être rapporté au type linnéen.

2° *Margaritana elongata* de Lamarck. — Cette forme, très commune dans certains cours d'eau de la France, et qui vit également dans l'Europe septentrionale, a presque toujours été confondue avec la précédente, quoiqu'elle en soit bien distincte. Elle est caractérisée par une région antérieure beaucoup moins haute, par un galbe général plus étroitement allongé et plus rostré à son extrémité postérieure. De Lamarck cite les figurations très caractéristiques de Pennant et de Da Costa; dans notre synonymie, nous avons indiqué également d'autres références iconographiques, toutes bien distinctes.

3° *Margaritana Michaudi* Locard. — Sous le nom de *Margaritana elongata*, Terver a figuré, dans l'atlas de Michaud, une forme essentiellement différente du type de Lamarck. En effet, l'espèce Lamarckienne, qu'elle soit arquée, avec le bord sinueux, comme on le voit dans les figurations de Pennant et de Da Costa, ou qu'elle soit à bord presque rectiligne, comme dans l'atlas de l'abbé Dupuy, est toujours une forme étroitement allongée et terminée par un rostre; au contraire, la forme indiquée par Michaud est courte et ramassée, sa région antérieure est semblable à celle du *M. elongata*, mais sa région postérieure est beaucoup moins allongée, avec un profil plus camard et moins rostré, son rostre est en outre plus basal; nous proposons de donner à cette espèce que nous avons observée dans plusieurs stations, le nom du savant continuateur de l'œuvre de Draparnaud.

4° *Margaritana Roissyi* Michaud. — C'est à tort que l'on confond cette forme, assez rare du reste, avec la précédente. Nous en avons vu le type, et comme l'a très bien dit Michaud, le *Margaritana Roissyi* diffère de *M. elongata* : par sa région postérieure plus haute, plus longue et plus ventrue; par le bord supérieur plus droit et plus allongé; par le bord inférieur plus arrondi et à peine sinué; par sa dent cardinale plus petite et non crénelée, etc.; son rostre est obtus et retroussé en sens inverse de celui du *M. Michaudi*. La figure donnée par Terver est très exacte.

5° *Margaritana Pyrenaica* Bourguignat. — Espèce pyrénéenne nouvelle, dont nous donnons la description ci-après, et qui est caractérisée par un galbe subtrigone, avec la région postérieure bien plus développée en hauteur que la région antérieure, et terminée par un rostre tout à fait basal.

6° *Margaritana brunnea* Bonhomme. — Enfin nous rétablirons le *Margaritana brunnea* de Bonhomme, comme bonne espèce de taille assez petite et d'un faciès intermédiaire entre le *M. elongata* et le *M. Roissyi*, caractérisé par son galbe beaucoup plus arqué, avec le bord inférieur fortement sinueux, et les régions postérieure et antérieure relativement étroites.

MARGARITANA PYRENAICA, Bourguignat (p. 77).

« Coquille de forme subtrigone-allongée, médiocrement ventrue, remarquable par une région postérieure bien plus développée en hauteur que l'antérieure et terminée par une partie rostrée tout à fait inférieure. Bord supérieur rectiligne jusqu'à l'angle postéro-dorsal, puis descendant brusquement, en ligne presque droite, jusqu'au rostre. Bord inférieur recto-décurrent. Région antérieure arrondie, peu haute et exiguë. Région postérieure presque trois fois et demie plus longue que l'antérieure, allant en augmentant en hauteur jusqu'à 35 millimètres en arrière de la perpendiculaire, puis tronquée et terminée par un rostre inférieur, moyennement obtus. — Valves épaisses, pesantes, faiblement baillantes en avant et en arrière, peu ventrues. Épiderme d'une belle couleur de marron d'Inde, avec des reflets d'un coloris chaud, néanmoins passant, en avant, à une couleur plus foncée. Intérieur d'une nacre carnéolée tirant sur le violacé, avec des taches livides ou plombées. — Sommets antérieurs très excoriés, à peine saillants. Ligaments très allongés, se prolongeant jusqu'à l'angle postéro-dorsal. Lunule subtriangulaire, *en arrière* de l'angle postéro-dorsal. Dent cardinale grosse, épaisse, élevée, en forme de coin subtrigone, à sommet obtus et fimbrié. Dent latérale *plate*, à moitié envahie par le ligament, sauf à son extrémité.

Longueur maximum.	91	millimètres
Hauteur maximum.	47	—
Hauteur de la perpendiculaire.	40	—
Épaisseur maximum (point maximum de la convexité : à 21 de la perpendiculaire ; à 29 des sommets ; à 43 du rostre ; à 50 du bord antérieur ; à 20 de l'angle postéro-dorsal ; à 30 de la base de la perpendiculaire).	26	—
Corde apico-rostrale.	72	—

Distance des sommets à l'angle postéro-dorsal. . .	36	millimètres
Distance de cet angle au rostre.	44	—
Distance du rostre à la perpendiculaire.	56	—
Distance de la base de la perpendiculaire à l'angle postéro-dorsal.	49	—
Région antérieure.	19	—
Région postérieure.	65	—

Cette espèce, de Vic-de-Bigorre, dans les Hautes-Pyrénées, remarquable par sa forme subtrigone, ne peut être assimilée ni avec les *Margaritana margaritifera* de Linné, *M. elongata* de Lamarck, *M. Roissyi* de Michaud, *M. brunnea* de Jules Bonhomme, ni avec les formes espagnoles, telles que les *Margaritana Alleni* de Castro, et *M. tristis (Unio)* de Morelet, espèce que le naturaliste Allen a fait connaître sous le nom erroné de *Nepomuceni.* » (Bourg.)

UNIO MARGARITANOPSIS, Locard (p. 17).

Coquille très déprimée dans son ensemble, à profil régulièrement ovalaire, un peu déclive, assez allongée. Bord supérieur faiblement arqué jusqu'à l'angle postéro-dorsal, puis convexe descendant jusqu'au rostre. Bord inférieur allongé, très obtusément sinueux au voisinage de la base de la perpendiculaire. Région antérieure bien arrondie, un peu retroussée; région postérieure un peu moins développée que le double de la région antérieure, à peine un peu plus étroite, obtusément terminée par un rostre faiblement descendant et médian. — Valves solides, épaisses surtout dans la région ombonale, un peu plus baillantes en avant qu'en arrière. Épiderme d'un brun noirâtre, avec une ou deux zones plus claires et verdâtres vers les sommets. Intérieur d'un blanc nacré, irisé. — Sommets assez antérieurs, peu saillants, très élargis, légèrement rugueux-ondulés aux crochets. Ligament fort, très allongé. Lunule très étroite. Dent cardinale forte, subtriangulaire, émoussée, finement denticulée au sommet, bien épaisse à la base ; dent latérale relativement peu allongée, tranchante à son extrémité.

Longueur maxinum	59	millimètres
Hauteur maximum.	32	—
Hauteur de la perpendiculaire.	32	—

Épaisseur maximum (point maximum de la convexité : à 7 de la perpendiculaire; à 12 des sommets; à 37 du rostre; à 27 du bord antérieur; à 28 de l'angle postéro-dorsal; à 25 1/2 de la base de la perpendiculaire)	17	millimètres.
Corde apico-rostrale.	45	—
Distance des sommets à l'angle postéro-dorsal. . . .	29	—
Distance de cet angle au rostre.	21	—
Distance du rostre à la perpendiculaire.	34	—
Distance de la base de la perpendiculaire à l'angle postéro-dorsal.	37	—
Région antérieure.	21	—
Région postérieure.	35	—

Cette très curieuse forme établit un passage bien marqué entre les *Margaritana* et les *Unio*. Son galbe, à part la taille, rappelle absolument celui des *Margaritana*, avec son profil elliptique-allongé, ses valves très déprimées, ses sommets peu saillants et très élargis. A l'intérieur nous trouvons, au contraire, des dents analogues à celles de l'*Unio rhomboideus*. Notre coquille est donc une *Margaritana* avec une charnière d'*Unio* ; de là le nom de l'*Unio margaritanopsis* que nous lui avons donné. Elle devra prendre rang en tête du genre *Unio*.

Groupe de l'UNIO RHOMBOIDEUS (p. 18).

C'est à très juste titre que M. Bourguignat, dans ses nouvelles classifications, a divisé l'ancien groupe de l'*Unio rhomboideus* en deux groupes bien distincts : le premier, conservant le même titre, est réservé aux grandes formes d'un galbe plus ou moins rhomboïdal ; le second renfermant les petites espèces toutes plus ou moins arrondies comme les *Unio Simonis*, *U. rotundatus*, *U. Astierianus*, *etc.*

Dans le groupe de l'*Unio rhomboideus*, nous n'avons admis que quatre espèces seulement, estimant qu'il convenait de faire rentrer, comme synonyme de l'*Unio rhomboideus*, plusieurs formes désignées comme espèces et qui ne constituent même pas toujours des variétés bien distinctes. Telles sont notamment les formes suivantes :

Unio subtetragonus Michaud. — Coquille d'un galbe subtétragone avec le bord inférieur fortement ondulé, avec la région antérieure étroite et la région postérieure comme tronquée et un peu descendante. Michaud a représenté sous ce nom plutôt une anomalie qu'un véritable type. Moquin-Tandon en a donné une figuration plus exacte.

Unio Draparnaldi Deshayes. — Coquille d'un galbe subtrigone, plus ou moins sinueuse dans le bas, comme rostrée à ses deux extrémités. C'est encore plutôt une anomalie qu'un véritable type. De tels individus se retrouvent au sein même des colonies d'*Unio rhomboideus.*

Unio Pianensis Farines. — Coquille subrhomboïdale, plus ou moins sinueuse dans le bas, avec l'intérieur rosé; c'est là son principal caractère.

Unio Barraudi Bonhomme. — Coquille d'un galbe subrhomboïdal, un peu sinueuse dans le bas, légèrement atténuée postérieurement.

Toutes ces formes ne constituent, comme on le voit, que des accidents purement locaux ou plus simplement individuels de l'*Unio rhomboideus*, déjà très polymorphe par lui-même. Mais on ne saurait confondre avec lui l'*Unio rathymus*, institué par M. Bourguignat dans ce même groupe, et qui constitue des colonies toujours bien distinctes, souvent même très populeuses; il est toujours très nettement caractérisé par son galbe très allongé, régulièrement parallélogrammique, presque aussi haut en arrière qu'en avant, avec des sommets tout à fait antérieurs. Nous n'en connaissons pas de bonne figuration. Voici quelles sont ses dimensions, d'après un échantillon du lac du Bourget.

Longueur maximum.	73	millimètres.
Hauteur maximum.	39	—
Hauteur de la perpendiculaire.	39	—
Épaisseur maximum (point maximum de la convexité : à 3 de la perpendiculaire; à 8 des sommets; à 57 du rostre; à 18 du bord antérieur; à 44 de l'angle postéro-dorsal; à 30 de la base de la perpendiculaire).	36	—
Corde apico-rostrale.	63	—
Distance des sommets à l'angle postéro-dorsal. . .	47	—
Distance de cet angle au rostre	24	—
Distance du rostre à la perpendiculaire.	57	—
Distance de la base de la perpendiculaire à l'angle postéro-dorsal.	57	—
Région antérieure.	16	—
Région postérieure.	56	—

UNIO PACOMEI, Bourguignat (p. 20).

« Coquille de petite taille, corbiculiforme, presque sphérique, à contour tout à fait arrondi, par conséquent à peu près aussi longue que haute, relativement ventrue, et dont le maximum de la convexité est assez rapproché des sommets. — Valves assez épaisses, faiblement baillantes en avant et en arrière, d'une teinte verdâtre ou jaunâtre, avec des rayons verts s'irradiant des sommets aux contours, en somme d'une coloration rappelant celle de l'*U. umbonatus* d'Espagne; intérieur d'un beau blanc irisé. — Sommets très gros, recourbés, proéminents, ventrus, sillonnés de rides ondulées, saillantes et nombreuses. Sillon dorsal nul. Angle postéro-dorsal également nu. Ligament court et robuste. Lunule peu allongée. — Charnière robuste, épaisse. Dent cardinale, non épaisse comme celle des jeunes *U. rhomboideus* ou *U. rotundatus*, mais relativement mince, élancée, denticulée, à sommet pointu. Dent latérale courte, épaisse et saillante.

Longueur maximum.	28	millimètres
Hauteur maximum et hauteur verticale.	24	—
Épaisseur maximum (à 2 1/2 de la perpendiculaire; à 8 des sommets; à 17 du rostre; à 14 du bord antérieur; à 12 de l'angle postéro-dorsal; à 15 1/2 de la base de la perpendiculaire).	15	—
Corde apico-rostrale.	25	—
Distance des sommets à l'angle postéro-dorsal. . . .	16	—
Distance de cet angle au rostre.	12	—
Distance du rostre à la perpendiculaire.	14	—
Distance de la base de la perpendiculaire à l'angle postéro-dorsal.	21	—
Région antérieure.	12	—
Région postérieure.	16	—

« Cet *Unio*, dédié au frère Pacôme, des Petits-Frères de Marie, diffère de l'*Unio rotundatus*, la seule espèce française avec laquelle il peut être comparé : par sa taille moindre ; par sa forme sphérique; par ses valves plus épaisses, d'une coloration différente ; par ses sommets plus médians, plus fortement ridés; par sa dent cardinale non carrée ni obtuse, mais mince, très haute, denticulée et pointue; par sa charnière plus arquée; etc. » (Bourg.)

UNIO ZOASTHENUS, Locard (p. 22).

Coquille régulièrement ovalaire, d'un galbe allongé-descendant; bord supérieur faiblement arqué et un peu allongé jusqu'à l'angle postéro-dorsal, puis descendant rapidement sous une forme convexe, jusqu'au rostre. Bord inférieur très oblique, un peu allongé, très faiblement sinueux un peu au-delà de la perpendiculaire. Région antérieure arrondie, relevée dans le haut. Région postérieure large, égale en longueur à plus du double de la région antérieure, très descendante à son extrémité et terminée par un rostre basal très arrondi. — Valves peu épaisses, assez fortement baillantes en arrière. Épiderme d'un brun noirâtre ou verdâtre, devenant rougeâtre dans la région ombonale, un peu feuilleté sur les bords. Intérieur d'une nacre irisée, légèrement orangée ou rosée. — Sommets peu proéminents, s'élargissant rapidement; ligament allongé, peu saillant. Dent cardinale mince, triangulaire et élancée, finement frangée à son sommet. Dent latérale allongée, peu épaisse, assez haute à son extrémité.

Longueur maximum.	48	millimètres
Hauteur maximum.	31	—
Hauteur de la perpendiculaire.	27	—
Épaisseur maximum (point maximum de la convexité; à 5 de la perpendiculaire; à 11 des sommets; à 28 du rostre; à 23 du bord antérieur; à 11 de l'angle postéro-dorsal; à 18 de la base de la perpendiculaire). . . . . . :	17	—
Corde apico-rostrale.	48	—
Distance des sommets à l'angle postéro-dorsal. . .	13	—
Distance de cet angle au rostre.	29	—
Distance du rostre à la perpendiculaire.	26	—
Distance de la base de la perpendiculaire à l'angle postéro-dorsal.	28	—
Région antérieure.	13	—
Région postérieure.	32	—

Cette espèce, voisine des *Unio melas* et *U. Dubisianopsis*, est remarquable par sa dent cardinale toujours mince, triangulaire et élancée, tandis que celle de l'*Unio melas* est grosse, épaisse et ressemble à celle de l'*Unio rhomboideus*, et celle de l'*Unio Dubisianopsis* est très haute, subquadrangulaire et assez épaisse. Le galbe de ces trois espèces est également facile à distinguer : *U. zoasthenus* est plus large postérieurement que l'*Unio melas* qui paraît plus long et moins haut. L'*Unio Dubisianopsis* est plus petit que l'*U. zoasthenus*; en outre il est plus court; sa région antérieure est beaucoup plus réduite, ses sommets sont plus en avant et très incurvés.

Cette espèce nous a été envoyée du Jura, par M. Charpy, de Saint-Amour, sous le nom de *Unio gangrenosus* (Drouët), espèce différente de la Carniole et de Croatie.

UNIO JURIANUS, Locard (p. 23).

Coquille de petite taille, d'un galbe ovalaire un peu court, bien renflé, avec une direction fortement descendante. Bord supérieur un peu court dans la région antérieure, allongé jusqu'à l'angle postéro-dorsal, puis s'infléchissant rapidement vers le rostre, à partir de cet angle. Bord inférieur allongé, droit ou à peine subsinueux dans sa partie médiane, bien arrondi à ses deux exrémités. Région antérieure petite, étroite, très retroussée dans le haut. Région postérieure deux fois plus longue, mais beaucoup plus développée en hauteur, par suite de l'éloignement de la hauteur maximum par rapport à la perpendiculaire, terminée par un rostre basal très obtus. — Valves minces, surtout dans la région postérieure, légèrement baillantes en avant, un peu plus ouvertes en arrière. Épiderme d'un roux clair, devenant plus foncé et même brun dans la région antérieure, et passant au verdâtre dans la région postérieure au-delà de l'arête apico-rostrale, avec quelques lignes d'accroissement concentriques assez marquées et irrégulièrement espacées. Intérieur nacré, d'un blond rosé. — Sommets ridés, saillants, renflés, s'élargissant rapidement, avec une arête apico-rostrale assez accusée dans le haut, légèrement allongée, d'un roux clair. Dent cardinale assez haute, étroite, tranchante, non acuminée au sommet, assez fortement denticulée. Dent latérale droite, allongée, saillante et tranchante à son extrémité.

Longueur maximum.	39	millimètres.
Hauteur maximum (à 12 millimètres en arrière de la perpendiculaire).	23	—
Hauteur de la perpendiculaire.	21	—
Épaisseur maximum (point maximum de la convexité : à 6 de la perpendiculaire; à 11 des sommets; à 21 du rostre; à 28 du bord antérieur; à 17 de l'angle postéro-dorsal; à 18 de la base de la perpendiculaire).	14	—
Corde apico-rostrale.	32	—
Distance des sommets à l'angle postéro-dorsal. . .	18	—
Distance de cet angle au rostre.	18	—
Distance du rostre à la perpendiculaire.	24	
Distance de la base de la perpendiculaire à l'angle postéro-dorsal.	23	—
Région antérieure.	12	—
Région postérieure.	28	—

Cette espèce, souvent confondue avec l'*Unio nanus*, se rapproche davantage de l'*Unio subtilis*. On la distinguera de l'*Unio nanus*, dont M. Bourguignat a donné de si bonnes figurations (1) : à son galbe plus allongé, plus ovalaire, avec la région postérieure plus développée en longueur; à ses sommets plus élargis et plus saillants; à son test plus mince; à sa dent latérale plus droite et plus longue, etc. Rapproché de l'*Unio subtilis*, on le reconnaîtra à sa taille plus petite; à son galbe moins allongé ; à sa région antérieure plus étroite et plus retroussée; à sa région postérieure proportionnellement plus courte et plus haute; à ses sommets ridés et plus renflés; à sa dent cardinale plus étroite et moins acuminée ; etc.

UNIO ATURICUS, Locard (p. 23).

Coquille de petite taille, d'un galbe subdéprimé, largement ovalaire dans une direction descendante. Région antérieure étroite, mais haute, relevée dans le haut, très retroussée dans le bas. Région postérieure un peu plus de deux fois et demie plus longue, bien élargie, avec le maximum de hauteur à 15 millimètres au delà de la perpendiculaire, terminée

(1) Bourguignat. 1864. *Malac. Aix les-Bains*, pl. III, fig. 1 à 8.

par un rostre subbasal obtus. Bord supérieur court et arqué, s'infléchissant rapidement jusqu'au rostre. Bord inférieur peu allongé, largement courbé et bien retroussé vers le bord antérieur, non sinueux. — Valves minces, à peine baillantes dans la région antérieure, un peu plus ouvertes dans la partie supérieure du rostre. Épiderme d'un brun foncé, passant au brun rougeâtre au voisinage des sommets, devenant un peu plus clair dans le bas de la région antérieure. Intérieur d'une nacre rosée ou rose orangée dans la région des sommets, puis bleutée et irisée à la périphérie. — Sommets profondément excoriés, très peu saillants, très rapidement élargis. Ligament brun foncé, solide et allongé. Dent cardinale petite, peu haute, subtriangulaire, assez acuminée et assez épaisse, faiblement denticulée au sommet. Dent latérale très arquée, peu allongée, peu saillante, mais tranchante à son extrémité.

Longueur maximum.	45	millimètres
Hauteur maximum (à 15 de la perpendiculaire). . .	25	—
Hauteur de la perpendiculaire.	23	—
Épaisseur maximum (point maximum de la convexité : à 10 des sommets; à 8 de la perpendiculaire; à 20 du bord antérieur; à 15 de l'angle postéro-dorsal; à 29 du rostre; à 18 de la base de la perpendiculaire).	15	—
Corde apico-rostrale.	38	—
Distance des sommets à l'angle postéro-dorsal. . .	23	—
Distance de cet angle au rostre.	20	—
Distance du rostre à la perpendiculaire.	30	—
Distance de la base de la perpendiculaire à l'angle postéro-dorsal.	27	—
Région antérieure.	12	—
Région postérieure.	32 1/2	—

Cette petite espèce, que nous avons reçue jadis de l'abbé Dupuy, sous le nom d'*Unio Moquinianus. var.*, a incontestablement beaucoup plus d'affinité avec notre *Unio Jurianus* qu'avec toute autre espèce. Elle s'en distingue : par sa taille plus forte; par son galbe plus ovalaire; par ses sommets beaucoup moins saillants, bien plus élargis; par son ensemble plus déprimé; par sa région postérieure moins haute; par son rostre moins inférieur; etc.

UNIO MANCULUS, Locard (p. 24).

Coquille de taille asez petite, d'un galbe subcylindroïde, un peu renflé, à section longitudinale étroitement ovalaire, avec une direction à peine descendante. Région antérieure régulièrement arrondie. Région postérieure plus de deux fois plus longue que la région antérieure, régulièrement allongée, terminée par un rostre subbasal très obtus. Bord supérieur allongé, largement arqué, se poursuivant au-delà d'un angle postéro-dorsal très obtus, pour s'infléchir assez rapidement jusqu'au rostre. Bord inférieur sensiblement parallèle au bord supérieur et très allongé, droit dans sa partie médiane, un peu plus arrondi vers la région antérieure que vers le rostre. — Valves solides, un peu épaisses, seulement baillantes dans la région supérieure au rostre. Épiderme brillant, d'un brun rougeâtre, un peu plus clair vers les sommets, parfois un peu verdâtre à la périphérie. Intérieur d'une nacre un peu rosée, irisée sur les bords. — Sommets un peu acuminés, mais peu saillants à leur origine, participant rapidement au bombement général de la coquille, finement ridés-onduleux. Ligament gris pâle, un peu allongé. Dent cardinale subrectangulaire, haute et mince, parfois subacuminée au sommet, finement fimbriée. Dent latérale allongée, droite, un peu haute mais toujours mince à son extrémité.

Longueur maximum.	50	millimètres
Hauteur maximum.	24	—
Hauteur de la perpendiculaire.	24	—
Épaisseur maximum (point maximum de la convexité : à 15 des sommets ; à 24 du bord antérieur ; à 10 de la perpendiculaire ; à 17 de l'angle postéro-dorsal ; à 28 du rostre ; à 17 de la base de la perpendiculaire).	18	—
Corde apico-rostrale.	42	—
Distance des sommets à l'angle postéro-dorsal. . .	27	—
Distance de cet angle au rostre.	20	—
Distance du rostre à la perpendiculaire.	34	—
Distance de la base de la perpendiculaire à l'angle postéro-dorsal.	32	—
Région antérieure.	15	—
Région postérieure.	36	—

Cette élégante coquille présente une certaine analogie avec l'*Unio mancus* de de Lamarck ; mais elle s'en distingue très facilement : par son galbe beaucoup plus étroitement allongé ; par la régularité de son allure avec ses bords supérieur et inférieur subparallèles ; par son angle postéro-dorsal plus obtus ; par son bord inférieur plus allongé ; par ses valves plus régulièrement renflées dans leur ensemble ; par la dent cardinale plus mince ; par la dent latérale non arquée et plus allongée ; etc.

UNIO GIBERTI, Locard (p. 25).

Coquille de taille assez petite, d'un galbe ovalaire, un peu allongé dans une direction déclive, assez renflé dans la région des sommets, terminé par un rostre subbasal pointu. Bord supérieur un peu court, légèrement arqué, descendant rapidement jusqu'au rostre à partir de l'angle postéro dorsal. Bord inférieur allongé, légèrement cintré, beaucoup plus retroussé dans la région antérieure que vers le rostre. Région antérieure haute et assez large, un peu anguleuse dans le haut, bien retroussée dans le bas. Région postérieure deux fois et demie plus longue, terminée par un rostre subbasal pointu, quoiqu'un peu court. — Valves solides, un peu épaisses, légèrement baillantes dans presque toute la région antérieure et au-dessus du rostre. Épiderme d'un brun verdâtre foncé passant au gris roux dans le voisinage des sommets. Intérieur d'une nacre bleutée, irisée sur les bords. — Sommets fortement ridés, parfois même un peu tuberculeux, assez acuminés et saillants à leur origine, s'épanouissant un peu lentement. Ligament brunâtre, assez allongé, très saillant. Dent cardinale triangulaire, mince, un peu haute et obtusément acuminée, finement fimbriée à son sommet. Dent latérale arquée à son origine, un peu allongée, médiocrement haute, mais tranchante à son extrémité.

Longueur maximum.	56	millimètres
Hauteur maximum.	29	—
Hauteur de la perpendiculaire.	29	—
Épaisseur maximum (point maximum de la convexité : à 12 des sommets ; à 24 du bord antérieur ; à 8 de la perpendiculaire ; à 19 de l'angle postéro-dorsal ; à 36 du rostre ; à 20 de la base de la perpendiculaire).	20	—
Corde apico-rostrale.	48	—

Distance des sommets à l'angle postéro-dorsal. . . . 28 millimètres
Distance de cet angle au rostre. . . . . 23 —
Distance du rostre à la perpendiculaire. . . . . 38 —
Distance de la base de la perpendiculaire à l'angle postéro-dorsal. . . . . 34 —
Région antérieure. . . . . 16 —
Région postérieure. . . . . 41 —

Cette espèce présente quelques rapports avec l'*Unio Mongazonæ ;* elle s'en distingue : par sa taille beaucoup plus forte ; par son galbe moins étroitement allongé, pas aussi renflé ; par son rostre plus acuminé ; par ses sommets toujours fortement ridés et plus étroitement renflés ; par son bord supérieur plus allongé ; etc.

UNIO CATALAUNICUS, Coutagne (p. 27.)

« Coquille de forme régulièrement ovalaire, à contours convexes supérieurement et inférieurement, à régions antérieure et postérieure (celle-ci deux fois plus longue que l'antérieure) presque également aussi bien arrondies l'une que l'autre. — Valves épaisses, d'une convexité bien régulière, un tant soit peu baillantes à la base antérieure et plus ouvertes postérieurement, entre l'angle et le rostre. Épiderme brillant, d'un marron foncé presque noir, plus clair vers les sommets, et passant au verdâtre sur la région postéro-dorsale. Intérieur d'une nacre blanchâtre, à reflets bleuacés et d'une teinte carnéo-orangée vers la charnière. — Sommets médiocres, peu proéminents, très ridés. Sillon postéro-dorsal peu marqué. Ligament court, saillant. Lunule très longue, virguliforme. Dent cardinale plate, quoique assez épaisse, obtusément triangulaire ou subquadrangulaire. Dent latérale très haute et coupante à son extrémité.

Longueur maximum. . . . . 54 millimètres
Hauteur maximum et hauteur perpendiculaire. . . . 32 —
Épaisseur maximum (point maximum de la convexité : à 10 de la perpendiculaire ; à 18 des sommets ; à 27 du rostre ; à 29 du bord antérieur ; à 14 1/2 de l'angle postéro-dorsal ; à 21 de la base de la perpendiculaire). . . . . 20 —
Corde apico-rostrale. . . . . 44 —

Distance des sommets à l'angle postéro-dorsal . . . 25 millimètres
Distance de cet angle au rostre. . . . . . . , . . 22 —
Distance du rostre à la perpendiculaire. . . . . 33 —
Distance de la base de la perpendiculaire à l'angle postéro-dorsal. . , ... 34 —
Région antérieure. . . . . 18 —
Région postérieure. . . . . 36 —

Cette espèce a été découverte par M. G. Coutagne, dans les eaux de la Marne, à Châlons. » (Bourg.)

UNIO PRUINOSUS, Schmidt (p. 28).

Sous le nom d'*Unio pruinosus*, Schmidt a décrit et figuré une espèce intermédiaire entre l'*Unio fusculus* et l'*U. reniformis*, et que l'on confond très souvent avec bon nombre d'autres espèces n'appartenant même pas à ce groupe, telles que les *U. nubilus*, *U. orbus*, *U. ortus*, *U. Valliericus*, etc. La description de Schmidt et sa figuration sont très exactes. L'*U. pruinosus* diffère de l'*U. fusculus* : par son galbe subréniforme, avec un léger sinus presque exactement médian; par ses valves plus régulièrement bombées dans tout leur ensemble, et non atténuées dans la région inférieure ou vers le roste; par sa région postérieure plus haute et plus arrondie à son extrémité, non rostrée; par ses sommets moins antérieurs, etc. Comparé à l'*U. reniformis*, on le reconnaîtra : à sa taille plus petite; à son galbe plus régulier, moins allongé; à ses valves moins renflées; à son bord inférieur moins sinueux; à sa région postérieure moins tombante à son extrémité ; à ses sommets moins antérieurs ; etc.

M. H. Drouët a donné, dans le *Journal de conchyliologie* (t. XXIX, p. 248), une diagnose de cette espèce qui est peu faite pour la faire bien comprendre ; c'est ainsi qu'il la définit : *C. ovalis*, *compressula*, *tenuis*, *subtiliter striata*, *nitidula*, etc. De là sans doute la confusion qui règne depuis cette époque autour de cette espèce; et comme on la trouve dans l'Albane avec bon nombre d'autres formes absolument différentes, par une assez étrange assimilation, on en a conclu que toutes les espèces de l'Albane devaient être des *Unio pruinosus*.

Voici les dimensions d'un *Unio pruinosus* de la Brizotte, dans la Côte-d'Or, dont le galbe, l'allure, la coloration sont aussi conformes que possible à l'échantillon figuré par Schmidt.

Longueur maximum.	51	millimètres.
Hauteur maximum.	26	—
Hauteur de la perpendiculaire.	26	—
Épaisseur maximum (point maximum de la convexité : à 15 des sommets ; à 12 de la région antérieure ; à 9 de la perpendiculaire ; à 18 de l'angle postéro-dorsal ; à 30 du rostre (1) ; à 16 de la base de la perpendiculaire).	22	—
Corde apico-rostrale.	41	—
Distance des sommets à l'angle postéro-dorsal. . .	25	—
Distance de cet angle au rostre.	21	—
Distance du rostre à la perpendiculaire.	35	—
Distance de la base de la perpendiculaire à l'angle postéro-dorsal.	32	—
Région antérieure.	15	—
Région postérieure.	37	—

UNIO SUBAMNICUS, Locard (p. 31).

Coquille de petite taille, d'un galbe elliptique un peu allongé, assez régulier et dans une direction sensiblement déclive, bien renflé dans son ensemble. Région antérieure courte, bien arrondie, assez haute. Région postérieure un peu moins de deux fois plus longue que la région antérieure, terminée par un rostre subbasal très obtus. Bord supérieur un peu court, bien arqué, descendant rapidement depuis l'angle postéro-dorsal jusqu'au rostre. Bord inférieur presque droit, non sinueux, à peu près également retroussé à ses deux extrémités. — Valves très légèrement baillantes dans la région antérieure, notablement plus ouvertes dans la région postéro-dorsale. Test solide, un peu épaissi dans la partie antérieure. Épiderme d'un brun roux, passant au brun verdâtre et devenant plus clair dans le voisinage des sommets. Intérieur d'un nacré bleuté, irisé à la périphérie. — Sommets dénudés, finement ondulés, assez saillants à leur naissance, s'élargissant ensuite très rapidement surtout dans la région postérieure. Ligament assez allongé, fort, d'un corné foncé. Dent cardinale subparallélipipédique, mince à la base, assez

(1) Ou mieux de l'extrémité de la région postérieure.

haute, tranchante et denticulée au sommet. Dent latérale un peu longue, arquée, tranchante et assez haute à son extrémité.

Longueur maximum.	45	millimètres.
Hauteur maximum.	24	—
Hauteur de la perpendiculaire.	24	—
Épaisseur maximum (point maximum de la convexité : à 11 des sommets; à 19 du bord antérieur; à 7 de la perpendiculaire; à 18 de l'angle postéro-dorsal; à 27 du rostre; à 16 1/2 de la base de la perpendiculaire).	18	—
Corde apico-rostrale.	38 1/2	—
Distance des sommets à l'angle postéro-dorsal. . .	25	—
Distance de cet angle au rostre.	17	—
Distance du rostre à la perpendiculaire.	29	—
Distance de la base de la perpendiculaire à l'angle postéro-dorsal.	29	—
Région antérieure.	18	—
Région postérieure.	32	—

Cette espèce, qui est souvent confondue tantôt avec l'*Unio amnicus*, tantôt avec l'*Unio Batavus*, est, en effet, intermédiaire entre ces deux espèces, tout en ayant beaucoup plus d'affinité, par son galbe, avec la première; on la séparera donc de l'*Unio amnicus :* à sa taille plus forte, surtout plus haute; à sa région antérieure paraissant encore plus courte par suite de sa plus grande hauteur; à ses sommets plus saillants, plus renflés, plus allongés; à sa région postérieure plus haute et proportionnellement plus courte ; à sa dent cardinale plus robuste ; etc. On trouve, en France surtout, une *var. curta* d'un galbe encore un peu plus court.

UNIO ORBUS, Locard (p. 32).

Coquille d'un galbe subelliptique, peu épaisse, étroitement allongée. Bord supérieur court et arqué, descendant rapidement jusqu'à l'angle postéro-dorsal, puis fortement convexe-descendant jusqu'au rostre. Bord inférieur très oblique et très allongé, un peu sinueux dans sa partie médiane. Région antérieure plus de deux fois plus petite que la région postérieure, arrondie dans son ensemble, un peu plus anguleuse dans le haut. Région postérieure très allongée, terminée par un rostre obtus très inférieur. — Valves peu épaisses, faiblement baillantes en avant et en arrière. Épiderme feuilleté, brillant, d'un marron foncé avec quelques teintes verdâtres ou noirâtres, devenant d'un brun rougeâtre dans la région ombonale. Intérieur d'un beau nacré bleuâtre. — Sommets très antérieurs, excoriés sur une faible étendue, peu saillants, très élargis, à peine ondulés. Sillon dorsal peu marqué. Lunule allongée. Dent cardinale de forme triangulaire, un peu épaisse à la base, amincie et pointue au sommet. Dent latérale longue, arquée, peu haute, saillante seulement à son extrémité.

Longueur maximum.	67	millimètres
Hauteur maximum (à 20 de la perpendiculaire). . .	37	—
Hauteur de la perpendiculaire.	33	—
Épaisseur maximum (point maximum de la convexité : à 7 de la perpendiculaire ; à 12 des sommets ; à 43 du rostre ; à 28 du bord antérieur ; à 22 de l'angle postéro-dorsal ; à 20 de la base de la perpendiculaire).	19	—
Corde apico-rostrale.	55	—
Distance des sommets à l'angle postéro-dorsal. . .	20	—
Distance de cet angle au rostre.	22	—
Distance du rostre à la perpendiculaire.	36	—
Distance de la base de la perpendiculaire à l'angle postéro-dorsal.	35	—
Région antérieure.	20	—
Région postérieure.	46	—

Cette espèce est voisine des *Unio Locardianus* et *U. badiellus* ; elle s'en distingue : par sa taille plus forte, par son bord supérieur plus court et plus arqué, par son bord inférieur plus largement sinueux (chez l'*Unio Locardianus*, ce sillon est moins large et plus profond ; il est à peine marqué chez l'*Unio badiellus*) ; par ses valves plus plates, recouvertes d'un épiderme plus feuilleté ; etc.

UNIO ANDELIACUS, Bourguignat (p. 32).

« Coquille de forme oblongue, dans une direction descendante, peu ventrue, même relativement assez plate, avec une convexité maximum presque centrale. Bord supérieur-arqué descendant jusqu'au rostre.

Région antérieure ronde, fortement décurrente. Bord inférieur à peine convexe. Région postérieure plus de deux fois plus longue que l'antérieure, terminée par une large partie rostrale arrondie et inférieure. — Valves assez épaisses, très peu baillantes en avant et en arrière. Épiderme d'un marron noir uniforme. Intérieur d'une nacre à reflets irisés de toutes couleurs. — Sommets peu proéminents, médiocres, comme écrasés, ridés dans le sens rayonnant. Sillon dorsal nul. Ligament robuste. Lunule triangulaire, allongée. Dent cardinale assez épaisse, trigone et fimbriée. Dent latérale très longue, saillante seulement à l'extrémité, épaisse et non coupante.

Longueur maximum.	68	millimètres
Hauteur maximum (à 18 de la perpendiculaire). . . .	38	—
Hauteur de la perpendiculaire.	36	—
Épaisseur maximum (point maximum de la convexité : à 11 de la perpendiculaire ; à 23 des sommets ; à 34 du rostre ; à 31 du bord antérieur ; à 20 de l'angle postéro-dorsal ; à 21 de la base de la perpendiculaire).	21	—
Corde apico-rostrale.	57	—
Distance des sommets à l'angle postéro-dorsal. . . .	35	—
Distance de cet angle au rostre.	26	—
Distance du rostre à la perpendiculaire.	38	—
Distance de la base de la perpendiculaire à l'angle postéro-dorsal.	38	—
Région antérieure.	21	—
Région postérieure.	48	—

Cette espèce, voisine de l'*Unio nubilus*, s'en distingue : par sa forme plus oblongue et plus descendante ; par sa région postérieure plus longue, terminée par un rostre dont l'extrémité est tout à fait inférieure (ce qui n'a pas lieu chez l'*U. nubilus*) ; par sa région antérieure plus courte, plus décurrente ; par ses sommets plus en avant, ridés dans une direction rayonnante (chez l'*Unio nubilus*, les sommets sont ridés dans le sens transverse) ; par sa dent cardinale épaisse, fimbriée (celle de l'*Unio nubilus* est plus plate, plus haute, non fimbriée et plus nettement trigone) ; par sa dent latérale plus longue, plus épaisse et non tranchante ; etc. » (Bourg.)

UNIO NUBILUS, Locard (p. 32).

Coquille d'un galbe subovalaire assez allongé, dans une direction descendante, relativement peu ventrue. Bord supérieur peu allongé, faiblement arqué dans le haut, puis descendant assez rapidement jusqu'au rostre. Bord inférieur presque droit, à peine vaguement sinueux un peu au-delà de la perpendiculaire. Région antérieure moins de deux fois plus petite que la région postérieure, bien arrondie, un peu anguleuse dans le haut, décurrente dans le bas. Région postérieure terminée par un rostre assez obtus et inférieur. — Valves peu épaisses, à peine baillantes en avant, un peu plus en arrière. Épiderme d'un brun verdâtre assez foncé, avec quelques zones plus claires et plus jaunâtres. Intérieur d'un nacré bleuâtre, irisé sur les bords. — Sommets jamais excoriés, peu saillants, s'élargissant rapidement, ornés à leur origine de rides tuberculeuses bien marquées et sinueuses. Lunule allongée. Sillon dorsal très peu sensible. Ligament assez fort et un peu court. Dent cardinale triangulaire, assez grande, un peu haute, épaisse à la base, amincie dans le haut, à peine fimbriée. Dent latérale longue, très haute, coupante à son extrémité.

Longueur maximum.	66	millimètres
Hauteur maximum (à 18 de la perpendiculaire). . .	39	—
Hauteur de la perpendiculaire.	37	—
Épaisseur maximum (point maximum de la convexité : à 8 de la perpendiculaire; à 12 des sommets; à 42 du rostre; à 30 du bord antérieur; à 15 de l'angle postéro-dorsal; à 29 de la base de la perpendiculaire).	23	—
Corde apico-rostrale.	66	—
Distance des sommets à l'angle postéro-dorsal. . . .	22	—
Distance de cet angle au rostre.	36	—
Distance du rostre à la perpendiculaire.	37	—
Distance de la base de la perpendiculaire à l'angle postéro-dorsal.	39	—
Région antérieure.	24	—
Région postérieure.	45	—

Si nous comparons cette espèce avec l'*Unio Andeliacus*, nous voyons qu'elle en diffère : par son galbe un peu plus renflé, avec le maximum de convexité moins médian; par sa région antérieure un peu plus développée et plus largement arrondie; par la position de son angle postéro-dorsal moins éloigné des sommets; par son rostre plus accusé, plus aigu et plus basal; par son bord inférieur un peu plus sinueux; etc.

UNIO VALLIERICUS, Bourguignat (p. 33).

« Coquille oblongue dans une direction déclive, peu ventrue (convexité même assez plate sur la région ombonale). Bord supérieur forement arqué dans tout son parcours. Région antérieure ronde et décurrente inférieurement. Bord inférieur subarqué-décurrent. Région postérieure plus de deux fois plus longue que la région antérieure, conservant sa même hauteur jusqu'à 22 millimètres en arrière de la perpendiculaire, s'atténuant en une partie rostrale largement ronde, regardant en bas. — Valves assez épaisses, à peine baillantes en avant, un peu plus en arrière. Épiderme brillant, d'un marron foncé, passant au verdâtre postérieurement et au rougeâtre sur la région ombonale. — Sommets écrasés, peu proéminents, recourbés, bien ridés. Sillon dorsal ensiblement nul vers les sommets. Ligament saillant. Lunule très allongée, filiforme. Dent cardinale allongée, plate, bien qu'assez épaisses élevée-trigonale, à sommet tronqué. Dent latérale très longue, tranchante et saillante.

Longueur maximum.	65	millimètres
Hauteur maximum (à 22 de la perpendiculaire). . .	35	—
Hauteur de la perpendiculaire.	34	—
Épaisseur maximum (point maximum de la convexité : à 10 de la perpendiculaire; à 17 des sommets; à 35 du rostre; à 30 1/2 du bord antérieur ; à 20 de l'angle postéro-dorsal; à 23 de la base de la perpendiculaire).	30	—
Corde apico-rostrale.	53	—
Distance des sommets à l'angle postéro-dorsal. . .	34	—
Distance de cet angle au rostre.	24	—
Distance du rostre à la perpendiculaire.	40	—
Distance de la base de la perpendiculaire à l'angle postéro-dorsal.	39	—
Région antérieure..	20	—
Région postérieure.	47	—

Cet *Unio Vallievicus* est l'espèce la moins allongée et la plus haute du groupe des *elongatulusiana.* » (Bourg.).

UNIO NICOLLONI, Locard (p. 35).

Coquille de taille assez petite, d'un galbe peu renflé, largement ovalaire, un peu court dans une direction légèrement déclive. Région antérieure haute, arrondie, légèrement retroussée. Région postérieure presque égale à deux fois la région antérieure, également arrondie, terminée par un rostre subbasal très obtus. Bord supérieur un peu allongé, bien arqué, s'infléchissant rapidement depuis l'angle postéro-dorsal jusqu'au rostre. Bord inférieur court et bien arrondi à ses deux extrémités, un peu plus retroussé dans la région antérieure que dans la postérieure. — Valves un peu épaisses, légèrement baillantes dans le bas de la région antérieure et un peu plus ouvertes au-dessus du rostre. Épiderme d'un brun verdâtre foncé, passant dans la région des sommets au roux sombre, avec quelques zones et même d'étroites bandes vertes peu distinctes. Intérieur nacré, irisé sur les bords. — Sommets légèrement ridés, peu saillants, un peu reportés du côté de la région postérieure quoique pourtant, toujours bien antérieurs. Ligament d'un roux un peu clair, allongé. Dent cardinale triangulaire, forte, mais peu haute, assez épaisse et assez allongée à la base, denticulée au sommet. Dent latérale bien arquée, peu haute, tranchante à son extrémité.

Longueur maximum.	47	millimètres.
Hauteur maximum (à 8 de la perpendiculaire). . .	15	—
Hauteur de la perpendiculaire.	14	—
Épaisseur maximum (point maximum de la convexité : à 11 des sommets; à 20 du bord antérieur; à 8 de la perpendiculaire; à 13 de l'angle postéro-dorsal; à 24 du rostre; à 20 de la base de la perpendiculaire).	16	
Corde apico-rostrale.	35	—
Distance des sommets à l'angle postéro-dorsal. . .	19	—
Distance de cet angle au rostre.	20	—
Distance du rostre à la perpendiculaire.	26	—
Distance de la base de la perpendiculaire à l'angle postéro-dorsal.	29	—

Région antérieure. . . . . 15 millimètres
Région postérieure. . . . . 29 —

UNIO DIPTYCHUS, Surrault (p. 37).

« Coquille de forme ovalaire, notablement développée en hauteur, largeur et épaisseur en avant, et terminée en arrière en une forme amoindrie, s'atténuant en un rostre exigu, inférieur, offrant non loin de la base du rostre un sentiment de sinuosité. Bord supérieur faiblement convexe jusqu'à l'angle, puis fortement convexe-descendant jusqu'au rostre. Région postérieure un peu plus d'une fois et demie plus longue que l'antérieure, allant en s'amoindrissant, surtout par le haut, jusqu'à une partie rostrale médiocre, inférieure et relativement assez aiguë. — Valves pesantes, épaisses en avant, baillantes seulement au rostre, très convexes en avant et vers les sommets. Épiderme très brillant, d'un jaune marron clair, avec quelques radiations vertes postérieurement. Intérieur d'une belle nacre irisée blanche tirant sur le roux. — Sommets érosés, gros, très obtus, peu proéminents; sillon postéro-dorsal bien marqué; aréa postéro-dorsal presque à pic. Ligament gros, très large, peu saillant. Lunule virguliforme. Charnière puissante. Dent cardinale comprimée, allongée, tout en restant grosse et épaisse, de forme trigonale, bien denticulée. Dent latérale très haute, frangée.

Longueur maximum. . . . . 58 millimètres.
Hauteur maximum. . . . . 34 —
Hauteur de la perpendiculaire. . . . . 34 —
Épaisseur maximum (point maximum de la convexité : à 2 de la perpendiculaire ; à 13 des sommets; à 33 du rostre; à 28 du bord antérieur; à 16 de l'angle postéro-dorsal ; à 25 de la base de la perpendiculaire). . . . . 25 —
Corde apico-rostrale. . . . . 46 —
Distance des sommets à l'angle potséro-dorsal. . . 25 —
Distance de cet angle au rostre. . . . . 22 —
Distance du rostre à la perpendiculaire. . . . . 33 —
Distance de la base de la perpendiculaire à l'angle postéro-dorsal. . . . . 34 —

Région antérieure. . . . . 21 millimètres
Région postérieure. . . . . 37 —

Cette espèce, si reconnaissable à sa forme remarquablement développée en avant, en hauteur, en largeur et en épaisseur, et terminée en arrière en queue de morue par une partie rostrale disproportionnée, se rencontre dans la Loire aux environs d'Ingrande (Maine-et-Loire) ». (Bourg.).

UNIO INGRANDIENSIS, Surrault (p. 37).

« Coquille d'une forme oblongue-arquée dans une direction descendante, sinuée inférieurement et offrant une convexité très portée en avant par suite de la sinuosité qui se fait sentir presque sur la région ombonale. Bord supérieur régulièrement très convexe dans toute son étendue. Région antérieure arrondie, décurrente à la base. Bord inférieur sinueux dans une direction descendante. Région postérieure près de deux fois plus longue que l'antérieure, conservant la même hauteur jusqu'à 15 millimètres en arrière de la perpendiculaire, puis allant en s'atténuant insensiblement en une partie rostrale obtuse, arrondie et regardant en bas. — Valves relativement épaisses, médiocrement pesantes, un peu baillantes à la base antérieure et un peu plus ouvertes sur tout le contour postérieur. Épiderme brillant, d'un beau jaune marron clair, avec des radiations vertes vers le rostre. Intérieur d'une belle nacre jaune saumonée. — Sommets écrasés, recourbés en avant, faiblement proéminents, d'une taille médiocre; sillon postéro-dorsal arqué, comme la ligne du contour supérieur. Ligament gris marron. Lunule triangulaire. Charnière robuste. Dent cardinale forte, élevée, de forme trigone, à sommets obtus, fort peu denticulés. Dent latérale très allongée, peu haute, très fimbriée à son extrémité.

Longueur maximum. . . . . 58 millimètres
Hauteur maximum. . . . . 33 —
Hauteur de la perpendiculaire. . . . . 33 —
Épaisseur maximum (point maximum de la convexité, juste sur la perpendiculaire : à 10 des sommets; à 42 du rostre; à 23 du bord antérieur; à 27 de l'angle postéro-dorsal; à 23 de la base de la perpendiculaire). 21 —

Corde apico-rostrale.	49	millimètres
Distance des sommets à l'angle postéro-dorsal. . . .	29	—
Distance de cet angle au rostre.	23	—
Distance du rostre à la perpendiculaire.	33	—
Distance de la base de la perpendiculaire à l'angle postéro-dorsal.	33	—
Région antérieure.	19	—
Région postérieure.	40	—

Cet Unio, remarquable par sa forme fortement arquée et par la sinuosité de ses valves, vit dans la Loire, aux environs d'Ingrande (Maine-et-Loire). » (Bourg.)

UNIO MATERNIACUS, Locard (p. 37).

Coquille de petite taille, d'un galbe elliptique, un peu allongé, avec une direction descendante, renflé dans tout son ensemble. Bord supérieur très court dans la région antérieure, s'allongeant suivant une direction presque rectiligne depuis les sommets jusqu'à l'angle postéro-dorsal pour s'infléchir rapidement jusqu'au rostre. Bord inférieur presque droit sur une faible longueur, bien arrondi à ses deux extrémités. Région antérieure bien arrondie. Région postérieure un peu plus grande que le double de la région antérieure, à bords supérieur et inférieur subparallèles, terminée par un rostre un peu infra-médian et assez obtus. — Valves solides, épaisses, baillantes seulement dans la région postérieure. Épiderme d'un brun roux un peu clair dans la région des sommets, passant au brun ou au verdâtre dans la région postérieure, avec des zones plus foncées et parfois quelques rayons verdâtres plus teintés. Intérieur d'un nacré rosé, irisé surtout sur les bords. — Sommets faiblement ridés à leur naissance, s'épanouissant rapidement et très largement, de façon à donner à l'ensemble de la coquille un faciès subglobuleux qui s'atténue légèrement dans le voisinage du rostre. Ligament roussâtre, fort et peu allongé. Dent cardinale assez épaisse, non acuminée au sommet, subtriangulaire, denticulée dans le haut. Dent latérale un peu infléchie, tranchante et haute à son extrémité.

Longueur maximum.	39	millimètres
Hauteur maximum (à 10 de la perpendiculaire). . .	24	—

Hauteur de la perpendiculaire.	23	millimètres
Épaisseur maximum (point maximum de la convexité : à 7 de la perpendiculaire; à 12 des sommets; à 23 du rostre; à 19 du bord antérieur; à 14 de l'angle postéro-dorsal; à 17 de la base de la perpendiculaire).	17	—
Corde apico-rostrale.	34	—
Distance des sommets à l'angle postéro-dorsal. . . .	22	—
Distance de cet angle au rostre.	16	—
Distance du rostre à la perpendiculaire.	25	—
Distance de la base de la perpendiculaire à l'angle postéro-dorsal.	26	—
Région antérieure.	13	—
Région postérieure.	28	—

Cette espèce est voisine de l'*Unio Matronicus* et semble vivre avec lui dans les mêmes milieux. Elle s'en distingue : par sa taille plus petite; par son galbe plus court et plus ramassé; par ses sommets plus étroits et plus renflés; par sa région postérieure plus haute sur une plus grande longueur, et moins rostrée; par ses bords supérieur et inférieur plus parallèles ; etc.

UNIO SURRAULTI, Servain (p. 38).

« Coquille de forme subarrondie-ovalaire relativement très développée en hauteur pour sa taille, d'une convexité peu accentuée et bien régulière, dont le point maximum est presque médian. Bord supérieur faiblement arqué jusqu'à l'angle postéro-dorsal, puis descendant brusquement tout en conservant une apparence convexe. Région antérieure bien arrondie. Bord inférieur à peine arqué. Région postérieure un peu plus d'une fois et demie plus développée que l'antérieure, allant en diminuant et en s'atténuant jusqu'à une partie rostrale inférieure peu obtuse. — Valves épaisses, relativement pesantes, faiblement baillantes en avant et un peu plus ouvertement en arrière. Épiderme brillant, d'une belle teinte marron clair, radié postérieurement de rayons verts; nacre intérieure d'un beau blanc irisé. — Sommets érosés, de taille médiocre, peu obtus et faiblement proéminents. Ligament gros, saillant. Lunule triangulaire. Charnière robuste. Dent cardinale puissante, épaisse, tout en étant comprimée, d'une forme obtuse, inclinée en avant et fortement denticulée. Dent latérale haute, courte, frangée.

Longueur maximum.	56	millimètres
Hauteur maximum	35	—
Hauteur de la perpendiculaire.	35	—
Épaisseur maximum (point maximum de la convexité : à 5 de la perpendiculaire; à 17 des sommets; à 31 du rostre; à 25 du bord antérieur; à 21 de l'angle postéro-dorsal; à 19 de la base de perpendiculaire).	21	—
Corde apico-rostrale.	45	—
Distance des sommets à l'angle postéro-dorsal. . .	27	—
Distance de cet angle au rostre.	21	—
Distance du rostre à la perpendiculaire.	32	—
Distance de la base de la perpendiculaire à l'angle postéro-dorsal.	25	—
Région antérieure.	21	—
Région postérieure.	36	—

Cette espèce, remarquable par sa forme subarrondie-ovalaire, comme subquadrangulaire, très haute pour sa taille, ne peut être assimilée avec aucune des nombreuses formes de ce groupe. Elle a été découverte dans la Loire, près d'Ingrande (Maine-et-Loire), par M. Théodore Surrault, professeur à l'école normale d'Angers. » (Bourg.)

UNIO FINANCEI, Locard (p. 37).

Coquille de taille moyenne, d'un galbe subréniforme, un peu allongé, bien renflé dans son ensemble, avec une direction descendante. Bord supérieur court et arqué, se prolongeant dans la région postérieure jusqu'au rostre sous forme d'une courbe presque continue. Bord inférieur droit, très oblique, légèrement sinueux dans sa partie médiane. Région antérieure très courte, bien retroussée dans le haut. Région postérieure deux fois plus allongée, présentant dans son ensemble un profil arqué, terminé par un rostre très obtus, mais tout à fait basal. — Valves très légèrement baillantes dans la région antérieure, un peu plus ouvertes vers l'angle postéro-dorsal. Test solide, épais, recouvert d'un épiderme d'un roux clair un peu verdâtre, avec quelques étroits rayons verts, allant, dans la région postérieure, des sommets à la périphérie. Intérieur blanc nacré, irisé. — Sommets ridés, saillants, très largement élargis de manière à donner à l'ensemble de la coquille un faciès très renflé dans tout son ensemble, s'atténuant seulement vers le rostre. Ligament fort, un peu allongé, d'un brun foncé. Dent cardinale étroite, assez haute, non acuminée au sommet, un peu épaissie à la base, finement denticulée à son exrémité. Dent latérale très arquée, haute, mince et tranchante à son extrémité.

Longueur maximum.	54	millimètres.
Hauteur maximum (à 18 de la perpendiculaire). . .	34	—
Hauteur de la perpendiculaire.	30	—
Épaisseur maximum (point maximum de la convexité : à 8 de la perpendiculaire ; à 13 des sommets ; à 36 du rostre ; à 24 du bord antérieur ; à 20 de l'angle postéro-dorsal ; à 23 de la base de la perpendiculaire).	23	—
Corde apico-rostrale.	49	—
Distance des sommets à l'angle postéro-dorsal. . .	34	—
Distance de cet angle au rostre.	24	—
Distance du rostre à la perpendiculaire.	29	—
Distance de la base de la perpendiculaire à l'angle postéro-dorsal.	34	—
Région antérieure.	26	—
Région postérieure.	40	—

Cette espèce que nous dédions à M. de Finance, naturaliste distingué, tout en appartenant au groupe de l'*Unio Batavus*, est plus voisine des *Unio mancus* et *U. Bourgeticus* que du véritable *U. reniformis*. La forme jurassique constitue une var. *minor*; elle ne mesure que 45 millimètres de longueur maximum, tout en ayant le même galbe.

UNIO BESNARDIANUS, Servain (p. 35).

« Coquille ovalaire, d'une convexité régulière, bien que le point maximum soit assez proche du sommet, et remarquable en ce sens que les sommets, tout en étant bien gros, très obtus et médiocrement proéminents, ont l'air d'appartenir à la convexité ombonale. Bord supérieur très arqué. Bord inférieur convexe. Région postérieure un peu plus du double plus longue que l'antérieure, allant en s'atténuant en un rostre inférieur très obtus. — Valves épaisses, pesantes, baillantes seulement en arrière. Épiderme marron avec quelques radiations verdâtres. Intérieur d'une belle nacre irisée blanche. — Sommets tuberculés. Ligament gros et court. Lunule filiforme. Dent cardinale en forme de coin élevé, épaissi, assez allongé et fortement denticulé. Dent latérale robuste, haute et fimbriée. »

Longueur maximum	53	millimètres
Hauteur maximum.	31	—
Hauteur de la perpendiculaire.	31	—
Épaisseur maximum (point maximum de la convexité : à 4 de la perpendiculaire ; à 11 des sommets ; à 33 du rostre ; à 21 du bord antérieur ; à 20 de l'angle postéro-dorsal et de la base de la perpendiculaire).	21	—
Corde apico-rostrale.	44	—
Distance des sommets à l'angle postéro-dorsal. . .	26	—
Distance de cet angle au rostre.	21	—
Distance du rostre à la perpendiculaire.	33	—
Distance de la base de la perpendiculaire à l'angle postéro-dorsal.	32	—
Région antérieure.	17	—
Région postérieure.	37	—

(Bourg.)

UNIO CAUMONTI, Bourguignat (p. 39).

« Coquille oblongue-allongée, dans un sens un tant soit peu déclive, très ventrue pour sa taille, notamment sur la région ombonale et sur celle des sommets qui sont relativement énormes. Bord supérieur, légèrement convexe jusqu'à l'angle postéro-dorsal, puis nettement convexe-descendant jusqu'au rostre. Région antérieure régulièrement ronde. Bord inférieur à peine arqué, avec un sentiment de sinuosité à 18 millimètres en arrière de la perpendiculaire. Région postérieure plus de deux fois plu longue que l'antérieure, terminée par un rostre arrondi inférieur. — Valves épaisses, surtout en avant, assez pesantes, baillantes faiblement en avant, plus fortement en arrière. Épiderme brillant, lisse, un peu feuilleté vers le contour postérieur, d'un marron jaunacé, avec de belles lignes vertes rayonnantes en arrière. — Sommets très gros, très ventrus fortement proéminents, faiblement rugueux aux crochets, qui sont bien recourbés. Sillon dorsal prononcé seulement à la région ombonale. Ligament très robuste et long. Lunule étroite, virguliforme. Dent cardinale plate, obtusément triangulaire, profondément denticulée. Dent latérale, très longue, tranchante à son extrémité.

Longneur maximum.	70	millimètres.
Hauteur maximum et hauteur de la perpendiculaire. .	55	—
Épaisseur maximum (point maximum de la convexité : à 10 de la perpendiculaire ; à 19 du sommet ; à 40 du rostre ; à 31 du bord antérieur ; à 22 de l'angle postéro-dorsal ; à 22 1/2 de la base de la perpendiculaire).	30	—
Corde apico-rostrale.	57 1/2	—
Distance des sommets à l'angle postéro-dorsal. . .	34	—
Distance de cet angle au rostre.	27	—
Distance du rostre à la perpendiculaire.	46	—
Distance de la base de la perpendiculaire à l'angle postéro-dorsal.	41	—
Région antérieure.	21	—
Région postérieure.	49	—

« L'*Unio Caumonti* est l'espèce la plus ventrue et la plus allongée du groupe des *Batavusiana*. » (Bourg.)

UNIO SENEAUXI, Bourguignat (p. 39).

« Sous le nom d'*Unio pictorum*, *var.* β, Draparnaud a figuré une forme qui appartient au groupe des *Batavusiana* ; cette forme, très convenablement figurée, est remarquable par ses sommets presque médians, par une région postérieure très développée en hauteur. J'applique à cette espèce le nom d'*Unio Seneauxi*, en l'honneur de Marie-Anne-Gabrielle Seneaux, la femme de Draparnaud. » (Bourg.).

UNIO LEMOTHEUXI, Servain (p. 39).

« Coquille oblongue, peu renflée, avec un sentiment de sinuosité sur le milieu des valves. Bord supérieur rectiligne jusqu'à l'angle, puis convexe jusqu'au rostre. Région antérieure bien ronde. Bord inférieur subarqué, un tant soit peu sinué à sa partie moyenne. Région postérieure un peu plus du double plus longue que l'antérieure, de forme oblongue, s'atténuant en une partie rostrale obtuse et médiane. — Valves minces, délicates, un peu baillantes antérieurement, très ouvertes postérieurement. Épiderme d'un jaune clair, légèrement verdoyant sur la région postéro-dorsale. Intérieur d'un beau blanc. — Sommets assez petits, saillants, ridés et épineux. Sillon dorsal peu marqué, à ligament court. Lunule très allongée, d'abord triangulaire, puis virguliforme. Dent cardinale plate, allongée, de forme subtriangulaire, très obtuse. Dent cardinale très longue, mince et tranchante à son extrémité.

Longueur maximum.	56	millimètres
Hauteur maximum et hauteur perpendiculaire. . . .	28	—
Épaisseur maximum (point maximum de la convexité : à 6 1/2 de la perpendiculaire ; à 11 1/2 des sommets ; à 31 1/2 du rostre ; à 25 du bord antérieur ; à 20 de l'angle postéro-dorsal ; à 19 de la base de la perpendiculaire).	18	—
Corde apico-rostrale.	42 1/2	—
Distance des sommets à l'angle postéro-dorsal. . .	28	—
Distance de cet angle au rostre.	16	—
Distance du rostre à la perpendiculaire.	36 1/2	—
Distance de la base de la perpendiculaire à l'angle postéro-dorsal.	39	—
Région antérieure.	18	—
Région postérieure.	38	—

« Cet Unio se distingue de l'*Unio exauratus* : par sa forme plus oblongue, par son bord inférieur moins convexe et tant soit peu plus sinueux (celui de l'*Unio exauratus* est nettement convexe) ; par sa région postérieure un peu plus développée, non en hauteur, mais en longueur et terminée par une partie rostrale médiane, tandis que celle de l'*Unio exauratus* est plus inférieure ; par la distance des sommets à l'angle postéro-dorsal plus grande ; par son ligament plus court ; par sa lunule bien plus ample et plus longue ; par ses sommets fortement ridés et épineux ; par sa dent cardinale plus haute, plus longue, très obtuse au sommet, etc. (celle de l'*Unio exauratus* est petite et trigone) ; par sa coloration moins jaune ; etc. » (Bourg.).

UNIO EXAURATUS, Locard (p. 39).

« Coquille d'un galbe elliptique, médiocrement allongé, peu renflé dans son ensemble. Bord supérieur un peu allongé-convexe, jusqu'à l'angle postéro-dorsal, puis s'infléchissant plus rapidement jusqu'au rostre. Bord inférieur convexe dans sa partie médiane. Région antérieure retroussée et subanguleuse dans le haut, fortement décurrente dans le bas, un peu plus de deux fois plus petite que la postérieure. Région postérieure assez haute, terminée par une partie rostrale basale et très obtuse. — Valves minces et légères, un peu baillantes dans la région postérieure. Épiderme très mince, d'un jaune doré, passant au jaune verdâtre sur les bords. Intérieur nacré, d'un beau rose orangé, surtout dans la région ombonale. — Sommets non excoriés, arqués et acuminés à leur origine, s'élargissant ensuite rapidement et comme écrasés, ornés de rides ondulées. Sillon dorsal à peine sensible. Lunule filiforme. Ligament allongé, peu épais, jaune clair. Dent cardinale triangulaire, allongée, très peu haute, amincie, à peine frangée au sommet. Dent latérale allongée, assez haute, tranchante sur une assez grande longueur.

Longueur maximum.	54	millimètres
Hauteur maximum.	29	—
Hauteur de la perpendiculaire.	28 1/2	—
Épaisseur maximum (point maximum de la convexité : à 10 de la perpendiculaire; à 15 des sommets; à 28 du rostre; à 27 du bord antérieur; à 15 de l'angle postéro-dorsal; à 20 de la base de la perpendiculaire.)	17	—
Corde apico-rostrale	42	—
Distance des sommets à l'angle postéro dorsal. . .	22 1/2	—
Distance de cet angle au rostre.	22	—
Distance du rostre à la perpendiculaire.	36	—
Distance de la base de la perpendiculaire à l'angle postéro-dorsal.	33	—
Région antérieure.	17	—
Région postérieure.	38	—

UNIO ADONUS, Servain (p. 40).

« Coquille de forme oblongue-allongée, fortement sinueuse des sommets au bord palléal, médiocrement convexe pour sa taille (le maximum de la convexité est en avant de la perpendiculaire et assez rapproché des sommets), s'atténuant en un rostre aminci, obtus et inférieur. Bord supérieur à peine arqué jusqu'à l'angle, puis convexe-descendant. Région antérieure bien développée, arrondie. Bord inférieur sinué. Région postérieure atteignant presque deux fois l'antérieure, terminée par une partie rostrale inférieure et obtuse. -- Valves assez épaisses, à peine brillantes en avant, bien plus ouvertes en arrière. Épiderme d'un beau jaune paille uniforme, passant à une nuance noire-verdâtre seulement sur la partie supéro-postérieure. Intérieur d'une nacre blanche, orangée sous les crochets. — Sommets assez gros, assez proéminents, ridés-tuberculeux. Sillon dorsal assez prononcé dans toute son étendue. Ligament marron, saillant. Lunule longue. Dent cardinale haute, trigone, assez épaisse, bien que comprimée. Dent latérale saillante seulement à partir de la partie moyenne et assez tranchante. »

Longueur maximum.	67	millimètres
Hauteur maximum et hauteur de la perpendiculaire. .	33	—
Épaisseur maximum (point maximum de la convexité : à 4 en avant de la perpendiculaire; à 13 des sommets; à 47 du rostre; à 19 du bord antérieur; à 32 de l'angle postéro-dorsal; à 21 de la base de la perpendiculaire).	21	—
Corde apico-rostrale.	50	—
Distance des sommets à l'angle postéro-dorsal. . .	29	—
Distance de cet angle au rostre.	24	—
Distance du rostre à la perpendiculaire.	41	—
Distance de la base de la perpendiculaire à l'angle postéro-dorsal.	37	—
Région antérieure.	23	—
Région postérieure.	45	—

(Bourg.).

UNIO HATTEMANI, Bourguignat (p. 40).

« Coquille de forme ovalaire, avec un sentiment vague de sinuosité vers le bord palléal, relativement très bombée. Bord supérieur arqué. Région antérieure arrondie. Bord inférieur faiblement convexe, très légèrement subsinueux. Région postérieure un peu plus du double plus développée que la région antérieure, néanmoins paraissant écourtée, par suite de la grande hauteur relative des valves, et terminée par un rostre obtus et inférieur. — Valves épaisses, baillantes seulement en arrière. Épiderme d'une coloration uniforme jaune foncé. Intérieur d'une belle nuance carnéolée-orangée. — Sommets gros, obtus, proéminents, fortement rugueux. Région ombonale très renflée. Sillon assez accentué. Ligament volumineux. Lunule médiocre, allongée. Dent cardinale élevée, obtuse, subtrigone. Dent latérale saillante, non coupante.

Longueur maximum.	53	millimètres
Hauteur maximum et hauteur perpendiculaire. . .	33	—
Épaisseur maximum (point maximum de la convexité : à 4 de la perpendiculaire; à 13 des sommets; à 36 du rostre; à 24 du bord antérieur; à 20 de l'angle postéro-dorsal; à 21 de la base de la perpendiculaire).	25	—
Corde apico-rostrale.	46	—
Distance des sommets à l'angle postéro-dorsal. . . .	25	—
Distance de cet angle au rostre.	25	—
Distance du rostre à la perpendiculaire.	36	—
Distance de la base de la perpendiculaire à l'angle postéro-dorsal.	36	—
Région antérieure.	19	—
Région postérieure.	40	—

« Cette espèce se distingue de l'*Unio adonus* : par sa forme plus courte, tout en étant aussi haute; par sa ventrosité plus forte et dont le point maximum de la convexité, au lieu de se trouver en avant, comme chez l'*Unio adonus*, se trouve, au contraire, en arrière de la perpendiculaire; par ses valves non sinuées, ou en tout cas ne présentant qu'un simulacre de sinuosité à la base du bord palléal; par sa région postérieure écourtée, bien qu'en réalité elle soit proportionnellement plus longue que celle de l'*Unio adonus*; par son rostre plus obtus; par ses sommets plus gros, plus proéminents; par sa région ombonale plus gonflée; par son ligament plus volumineux; par sa charnière plus arquée, plus puissante; etc. » (Bourg.).

UNIO ATER, Nilsson (p. 40).

« Quelques auteurs ont cru devoir assimiler les *Unio Batavus*, *U. squamosus* et *U. ater*, quoique ces trois formes soient absolument distinctes. M. H. Drouët (*in Journ. conch.*, 1881, pl. XXIX, p. 27), signale de l'Albane à Belleneuve (Côte-d'Or), l'*Unio squamosus* (de Charpentier, 1887. *Moll. Suisse*, p. 25, pl. II. fig. 22), en donnant à cette espèce la synonymie suivante : Brot, *Nayades Léman* (pl. IX, fig. 1). Or, la figure donnée par M. Brot ne représente pas l'*U. squamosus*, mais bien l'*U. ater*. La description de l'*Unio squamosus* de M. Drouët ne concorde du reste pas avec celle de Charpentier : « *testa crassissima* », dit de Charpentier, « *testa crassula* », dit M. Drouët (1); « *umbones prominuli* », indique M. Drouët, et sur la figure donnée par de Charpentier son *U. squamosus* a de gros sommets très proéminents; M. Drouët signale comme caractères l'exiguité de la dent cardinale « *dens tenuis, acutus, strictus* »; or les *U. squamosus* de Suisse que je possède, ont, au contraire, une dent cardinale robuste, épaisse et élevée. Il est donc probable que M. H. Drouët a confondu sous le nom d'*Unio squamosus* des formes différentes. » (Bourg.)

UNIO IGNARI, Bourguignat (p. 40).

« Coquille de forme oblongue, légèrement spatuliforme dans une direction descendante, assez sensiblement sinuée au niveau de la base de la perpendiculaire et terminée par une région rostrale légèrement arrondie et regardant en bas. Bord supérieur convexe-descendant. Bord inférieur déclive, presque en ligne droite, jusqu'au contour arrondi du rostre. Région antérieure bien ronde, relativement étriquée en hauteur comparativement au développement en hauteur de la région postérieure.

(1) Dans son mémoire intitulé : *Unionidæ du Bassin du Rhône*, p. 50, M. H. Drouët a encore modifié sa diagnose (au lieu de *testa crassula*, nous lisons *testa crassula vel crassa*); il supprime l'habitat de la Côte-d'Or.

Région postérieure un peu plus de deux fois plus longue que l'antérieure, allant en augmentant de six millimètres, jusqu'à dix-sept millimètres en arrière de la perpendiculaire, puis s'atténuant en un large rostre arrondi. — Valves d'une teinte noire uniforme. Sommets écrasés, non saillants, ne dépassant pas la ligne supérieure. Ligament très allongé, peu saillant.

Longueur maximum.	78	millimètres.
Hauteur maximum (à 29 de la perpendiculaire). . .	41	—
Hauteur de la perpendiculaire.	35	—
Corde apico-rostrale.	64	—
Distance des sommets à l'angle postéro-dorsal. . .	42	—
Distance de cet angle au rostre.	29	—
Distance du rostre à la perpendiculaire.	43	—
Distance de la base de la perpendiculaire à l'angle postéro-dorsal.	44	—
Région antérieure.	25	—
Région postérieure.	56	—

« Cette espèce doit provenir du ruisseau du Mandrezey, à Saulcy-sur-Meurthe, ou de la Meurthe, à la Voivre, près de Saint-Dié (Vosges). Elle se distingue de l'*Unio ater :* par sa forme oblongue spatuliforme plus descendante ; par sa région antérieure moins haute, moins développée, plus étroite, ce qui fait paraître la région postérienre plus large (c'est l'inverse chez l'*U. ater);* par son bord supérieur plus convexe ; par sa région rostrale plus largement obtuse ; par ses sommets écrasés, non proéminents (chez l'*U. ater*, les sommets sont toujours saillants, et dépassent la ligne supérieure ; par son ligament plus allongé ; par sa sinuosité inférieure ; etc. » (Bourg.)

UNIO IGNARIFORMIS, Bourguignat (p. 41).

« Coquille oblongue-allongée, dans une direction descendante, presque aussi haute en avant qu'en arrière, et s'atténuant en un rostre obtus, subtroncatulé, inférieur et non arrondi. Bords supérieurs et inférieurs aussi déclives et aussi convexes l'un que l'autre, presque similaires, sauf l'inférieur qui devient rectiligne vers le rostre. Région antérieure arrondie, fortement décurrente. Région postérieure un peu plus de trois fois plus longue que l'antérieure, allant en augmentant seulement d'un millimètre jusqu'à trente-trois millimètres en arrière de la perpendiculaire, puis s'atténuant assez brusquement en une partie rostrale subtroncatulée et médiocrement obtuse. — Valves d'une teinte noirâtre uniforme. Sommets légèrement proéminents et dépassant la ligne supérieure. Ligament court et saillant.

Longueur maximum.	85	millimètres.
Hauteur maximum (à 33 de la perpendiculaire). . .	40	—
Hauteur de la perpendiculaire.	39	—
Corde apico-rostrale.	72 1/2	—
Distance des sommets à l'angle postéro-dorsal. . . .	42	—
Distance de cet angle au rostre.	35	—
Distance du rostre à la perpendiculaire.	54	—
Distance de la base de la perpendiculaire à l'angle postéro-dorsal.	46	—
Région antérieure.	21	—
Région postérieure.	64	—

« Cette espèce si dissemblable de l'*Unio platyrhynchoideus* de l'abbé Dupuy, comme on peut s'en convaincre par la comparaison des figures, est une forme voisine de l'*Unio ignari*, dont elle se distingue : par sa forme allongée, non spatuliforme, mais largement obtuse postérieurement et présentant un contour rostral subtroncatulé ; par ses sommets plus saillants ; par son ligament plus robuste et moitié moins long ; par sa région postérieure offrant inférieurement un contour sensiblement convexe (convexité due à un renflement des valves), tandis que chez l'*Unio ignari,* presque au même endroit, on observe, au contraire, une sinuosité ; par sa région antérieure fortement décurrente ; enfin, par sa région rostrale allant en s'atténuant en un rostre relativement peu obtus. Je ferai, en outre, observer que, chez l'*Unio ignariformis,* la distance de l'angle au rostre est de 35, tandis quelle est seulement de 29 chez l'*U. ignari,* bien que, chez ces deux espèces, la distance des sommets à l'angle soit de 42 millimètres ; en outre, que la région postérieure (64 millimètres) est un peu plus de trois fois plus longue que l'antérieure (21 millimètres), tandis qu'elle est seulement un peu plus de deux fois plus longue chez l'*Unio ignari.* » (Bourg.)

UNIO MELANTATUS, Locard (p. 41).

Coquille d'un galbe elliptique-allongé, assez régulier, bien renflé dans son ensemble, à direction générale un peu tombante. Bord supérieur très court, légèrement arqué, se poursuivant jusqu'à l'angle postéro-dorsal, puis jusqu'au rostre par une longue ligne convexe-descendante. Bord inférieur allongé, décurrent, très vaguement subsinueux dans sa partie médiane. Région antérieure haute, bien arrondie, vaguement anguleuse dans le haut, un peu décurrente dans le bas, plus de deux fois plus petite que la région postérieure. Région postérieure allongée, assez haute, terminée par un rostre basal assez obtus. — Valves solides, épaisses surtout dans la région antérieure et vers les sommets, un peu plus baillantes en avant qu'en arrière. Épiderme brillant, d'un beau noir, à peine verdâtre. Intérieur nacré, d'un blanc brillant dans la région antérieure, irisé de toutes nuances dans la région rostrale. — Sommets très largement et profondément excoriés, assez forts, mais peu saillants. Sillon à peine sensible. Lunule linéaire. Ligament brunâtre, fort et allongé. Dent cardinale très forte, très épaisse dans le bas, assez élevée, subtrigone, émoussée et fimbriée dans le haut. Dent latérale droite un peu allongée, saillante et coupante à son extrémité.

Longueur maximum.	75	millimètres
Hauteur maximum (à 16 de la perpendiculaire). . .	37	—
Hauteur de la perpendiculaire.	35	—
Épaisseur maximum (point maximum de la convexité : à 12 de la perpendiculaire; à 21 des sommets; à 41 du rostre ; 35 du bord antérieur, à 24 de l'angle postéro-dorsal; à 21 de la base de la perpendiculaire.)	26	—
Corde apico-rostrale.	60	—
Distance des sommets à l'angle postéro-dorsal. . .	36	—
Distance de cet angle au rostre.	30	—
Distance du rostre à la perpendiculaire.	48	—
Distance de la base de la perpendiculaire à l'angle postéro-dorsal.	44	—
Région antérieure.	23	—
Région postérieure.	53	—

L'*Unio melantatus* est voisin de l'*Unio Lambottei*; nous les avons même observés ensemble dans les eaux de la Loire. On le distinguera : à son galbe plus allongé, plus cylindroïde par suite de sa plus grande régularité d'allure; à ses valves moins hautes et plus renflées, avec le point maximum de renflement plus médian; à sa région postérieure plus étroitement allongée; à son bord supérieur moins arqué; à sa dent cardinale un peu moins trapue; etc.

UNIO BALBIGNYANUS, Locard (p. 41).

Coquille d'un galbe général subovalaire un peu court, assez renflé dans son ensemble. Bord supérieur un peu allongé, peu arqué, se poursuivant jusqu'au rostre par une courbe régulièrement convexe-descendante. Bord inférieur non sinueux, lentement décurrent. Région antérieure notablement plus de deux fois plus petite que la région postérieure, arrondie, retroussée dans le haut, décurrente dans le bas. Région postérieure assez large, régulièrement elliptique, terminée par un rostre obtus submédian. — Valves assez épaisses; un peu plus baillantes en arrière qu'en avant. Épiderme brillant, d'un beau noir verdâtre, avec quelques zones concentriques un peu plus claires dans la région basale et postérieure. Intérieur d'un beau nacré carnéolé, brillamment irisé vers le rostre. — Sommets toujours profondément et largement excoriés, peu saillants à leur naissance, s'élargissant ensuite rapidement. Lunule filiforme. Ligament d'un brun noirâtre, solide, allongé. Dent cardinale subtriangulaire un peu allongée, peu haute, épaisse à la base, denticulée au sommet. Dent latérale presque droite, un peu épaisse et peu saillante, tranchante et plus haute à son extrémité.

Longueur maximum.	61	millimètres
Hauteur maximum (à 12 de la perpendiculaire). . .	32	—
Hauteur de la perpendiculaire.	31	—
Épaisseur maximum (point maximum de la convexité : à 5 de la perpendiculaire; à 11 des sommets; à 25 de l'angle postéro-dorsal; à 24 du bord antérieur; à 40 du rostre; à 22 de la base de la perpendiculaire.)	21	—
Corde apico-rostrale.	50	—
Distance des sommets à l'angle postéro-dorsal. . . .	31	—
Distance de cet angle au rostre.	25	—

Distance du rostre à la perpendiculaire.	33	millimètres
Distance de la perpendiculaire à l'angle postéro-dorsal.	38	—
Région antérieure.	18	—
Région postérieure.	45	—

Cette espèce se distinguera de l'*Unio melantatus* : par sa taille plus petite; par son galbe notablement plus court, proportionnellement plus élargi et moins régulier; par ses valves moins renflées dans leur ensemble, avec le maximum de convexité moins médian, reporté plus près des sommets; par sa région antérieure plus étroitement retroussée; etc.

UNIO SCOTINUS, Locard (p. 42).

Coquille d'un galbe subovalaire un peu court, très oblique, médiocrement renflé. Bord supérieur d'abord court et peu arqué, puis descendant-convexe jusqu'au rostre. Bord inférieur très oblique, vaguement sinueux dans sa partie médiane. Région antérieure un peu haute et bien arrondie, très décurrente dans le bas, plus de deux fois plus petite que la région postérieure. Région postérieure assez haute et très descendante, terminée par un rostre obtus très basal. — Valves assez épaisses, faiblement baillantes en avant, beaucoup moins ouvertes en arrière. Épiderme terne, d'un brun noirâtre à peu près uniforme. Intérieur nacré, irisé de teintes variées passant du bleuté au rose. — Sommets largement et profondément excoriés, peu acuminés à leur naissance, comme écrasés et s'élargissant rapidement. Lunule étroite et filiforme. Ligament peu saillant, d'un brun noirâtre, assez allongé. Dent cardinale triangulaire, assez haute, épaisse, assez longue, fortement fimbriée dans le haut. — Dent latérale allongée, épaisse, un peu élevée à son extrémité.

Longueur maximum.	55	millimètres
Hauteur maximum (à 12 de la perpendiculaire). . .	32	—
Hauteur de la perpendiculaire	30	—
Épaisseur maximum (point maximum de la convexité : à 5 de la perpendiculaire ; à 10 des sommets; à 36 du rostre; à 22 du bord antérieur; à 21 de l'angle postéro dorsal; à 22 de la base de la perpendiculaire).	18 1/2	—
Corde apico-rostrale.	46	—
Distance des sommets à l'angle postéro-dorsal . . .	28	—

Distance de cet angle au rostre.	25	millimètres
Distance du rostre à la perpendiculaire..	30	—
Distance de la base de la perpendiculaire à l'angle postéro-dorsal.	32	—
Région antérieure.	18	—
Région postérieure.	39	—

UNIO STYGNUS, Locard (p. 42).

Coquille d'un galbe presque régulièrement ovalaire, peu allongé, assez déprimé dans son ensemble. Bord supérieur très court, faiblement convexe, descendant lentement et en courbe presque continue, d'abord jusqu'à l'angle postéro-dorsal, puis ensuite jusqu'au rostre. Bord inférieur presque droit ou à peine vaguement subsinueux dans sa partie médiane. Région antérieure grande, bien arrondie, un peu anguleuse dans le haut, faiblement décurrente dans le bas, moins de deux fois plus grande que la région postérieure. Région postérieure courte et haute, terminée par un rostre obtus presque basal. — Valves assez épaisses, à peines baillantes en avant, un peu plus baillantes en arrière. Épiderme non brillant, d'un brun noirâtre très foncé, à peine un peu plus clair dans la région des sommets. Intérieur nacré, irisé de teintes bleutées et roses. — Sommets fortement et largement excoriés, très peu saillants, comme écrasés. Lunule étroite, filiforme. Ligament médiocre, peu saillant, allongé, de même nuance que la coquille. Dent cardinale triangulaire, allongée, peu haute, assez épaisse à la base, peu tranchante et fimbriée au sommet. Dent latérale allongée, à peine arquée, peu saillante, tranchante à son extrémité.

Longueur maximum	58	millimètres
Hauteur maximum (à 10 de la perpendiculaire). . .	34	—
Hauteur de la perpendiculaire.	33	—
Épaisseur maximum (point maximum de la convexité : à 6 de la perpendiculaire ; à 27 de la région antérieure ; à 25 des sommets ; à 20 de l'angle postéro-dorsal ; à 33 du rostre ; à 32 de la base de la perpendiculaire).	19	—
Corde apico-rostrale.	46	—
Distance des sommets à l'angle postéro-dorsal. . .	27	—
Distance de cet angle au rostre.	25	—

Distance du rostre à la perpendiculaire.	33 millimètres
Distance de la base de la perpendiculaire à l'angle postéro-dorsal.	35 —
Région antérieure.	21 —
Région postérieure.	38 —

Cette espèce, comme faciès général, est voisine de la précédente et paraît se rencontrer dans les même milieux. On la distinguera facilement : à son galbe plus régulièrement ovalaire ; à sa région antérieure plus large, plus haute, plus régulièrement arrondie ; à sa région postérieure moins rostrée ; à son bord inférieur moins décurrent et moins sinueux ; à sa dent cardinale plus allongée pour une même hauteur ; etc.

UNIO OCCIDENTALIS, Bourguignat (p. 43).

Coquille d'un galbe subréniforme, très déprimé, un peu allongé-descendant. Bord supérieur convexe, puis longuement descendant depuis l'angle postéro-dorsal jusqu'au rostre. Bord inférieur bien allongé, un peu sinueux dans sa partie médiane. Région antérieure largement arrondie, presque régulière. Région postérieure arquée-descendante, terminée par un rostre obtus et basal, plus de deux fois plus longue que la région antérieure. — Valves assez épaisses, surtout dans la région antérieure, un peu baillantes en avant et en arrière. Épiderme d'un brun noirâtre, terne, passant parfois au brun jaunâtre très foncé sur les bords. Intérieur nacré, légèrement carnéolé, irisé dans la région rostrale. — Sommets fortement et largement excoriés, très peu saillants, s'élargissant rapidement, comme écrasés. Sillon dorsal peu accusé. Lunule filiforme. Dent cardinale subtriangulaire, très forte, très irrégulière, peu acuminée, légèrement fimbriée. Dent latérale allongée, un peu courbée, assez saillante et tranchante, surtout à son extrémité.

Longueur maximum.	67 millimètres
Hauteur maximum (à 15 de la perpendiculaire). . .	36 —
Hauteur de la perpendiculaire.	35 —
Épaisseur maximum (point maximum de la convexité : à 5 de la perpendiculaire ; à 28 du bord antérieur ; à 14 des sommets ; à 16 de l'angle postéro-dorsal ; à 37 du rostre ; à 27 de la base de la perpendiculaire).	18 —

Corde apico-rostrale.	56 millimètres
Distance des sommets à l'angle postéro-dorsal. . .	24 —
Distance de cet angle au rostre.	37 —
Distance du rostre à la perpendiculaire.	41 —
Distance de la base de la perpendiculaire à l'angle postéro-dorsal.	40 —
Région antérieure.	20 —
Région postérieure.	47 —

On peut rapprocher cette espèce de l'*Unio scotenus* ; elle s'en distinguera : par sa taille plus forte ; par son galbe beaucoup plus déprimé ; par sa région antérieure plus large, plus régulièrement arrondie, par son bord inférieur plus sinueux ; par sa région postérieure moins arquée, terminée par un rostre moins obtus ; par sa dent cardinale plus forte, plus trapue ; etc.

UNIO BRINDOSOPSIS, Locard (p. 45).

Coquille de taille assez petite, d'un galbe général ovalaire, un peu allongé-descendant, assez régulier, assez déprimé. Bord supérieur court, prolongé jusqu'au rostre par une ligne convexe-descendante, à courbure presque régulière, dessinant vaguement l'angle postéro-dorsal. Bord inférieur allongé, non sinueux. Région antérieure un peu plus de deux fois plus petite que la région postérieure, bien arrondie, un peu décurrente dans le bas. Région postérieure régulièrement ovalaire, arrondie à son extrémité rostrale, avec un faux rostre presque médian. — Valves un peu minces, assez baillantes dans les régions antérieure et postérieure. Épiderme brillant, d'un brun noirâtre avec quelques zones concentriques plus verdâtres, jaunacées dans le jeune âge. Intérieur nacré, d'un beau blanc irisé, parfois légèrement carnéolée dans la région des sommets. — Sommets souvent excoriés, peu saillants, très rapidement élargis, comme comprimés. Lunule filiforme. Ligament fort, un peu allongé. Dent cardinale triangulaire, peu haute, assez mince, allongée à la base, à peine fimbriée au sommet. Dent latérale faiblement arquée, allongée, mince, tranchante et peu haute.

Longueur maximum.	49 millimètres
Hauteur maximum (à 12 de la perpendiculaire). . .	27 —
Hauteur de la perpendiculaire.	25 1/2 —

Épaisseur maximum (point maximum de la convexité : à 5 de la perpendiculaire ; à 25 du bord antérieur ; à 14 des sommets ; à 14 de l'angle postéro-dorsal ; à 26 du rostre, à 18 de la base de la perpendiculaire).	15 millimètres
Corde apico-rostrale.	40 —
Distance des sommets à l'angle postéro-dorsal. . .	24 —
Distance de cet angle au rostre.	19 —
Distance du rostre à la perpendiculaire.	31 —
Distance de la base de la perpendiculaire à l'angle postéro-dorsal.	30 —
Région antérieure.	15 —
Région postérieure.	35 —

Cette espèce, que nous avons séparée de l'*Unio Brindosianus*, s'en distingue facilement : par son galbe beaucoup plus régulièrement elliptique et bien moins étroitement allongé ; par sa région antérieure plus large, plus arrondie, moins retroussée dans le haut ; par sa région postérieure plus obtusément arrondie et plus haute ; par sa dent cardinale moins allongée, plus haute, plus aiguë ; etc.

UNIO ALBANORUM, Pâcome (p. 45).

« Coquille de forme oblongue-allongée, dans une direction, légèrement déclive, relativement haute dans presque toute sa longueur, peu ventrue et dont la convexité, assez plate sur la région ombonale, diminue normalement vers les contours. Bord supérieur faiblement convexe jusqu'à l'angle postéro-dorsal, puis convexe descendant jusqu'au rostre. Bord inférieur subrectiligne-décurrent avec un sentiment de sinuosité à la partie moyenne, sinuosité qui fait défaut chez les échantillons non adultes. Région antérieure bien arrondie. Région postérieure un peu plus du double plus longue que l'antérieure, allant en augmentant faiblement et insensiblement en hauteur jusqu'à 27 millimètres en arrière de la perpendiculaire et terminée, en s'aplatissant, par un rostre obtus et inférieur. — Valves minces, faiblement baillantes en avant et en arrière. Épiderme d'un brun uniforme, couleur de feuille morte. Intérieur d'une belle nacre irisée, passant à l'orangé sous la région ombonale. — Sommets écrasés, très obtus, non proéminents, excoriés chez les adultes, faiblement ridés chez les jeunes. Région supérieure postéro-dorsale assez développée et relativement amincie. Ligament long, peu saillant. Lunule courte, triangulaire. Dent cardinale médiocre, triangulaire, un peu allongée. Dent latérale très longue, peu élevée, légèrement fimbriée.

Longueur maximum.	68	millimètres
Hauteur maximum.	32	—
Hauteur de la perpendiculaire.	30	—
Épaisseur maximum (point maximum de la convexité : à 16 des sommets ; à 39 du rostre ; à 19 de l'angle postéro-dorsal ; à 20 de la base de la perpendiculaire).	20	—
Corde apico-rostrale.	53	—
Distance des sommets à l'angle postéro-dorsal. . .	27	—
Distance de cet angle au rostre.	30	—
Distance du rostre à la perpendiculaire.	46	—
Distance de la base de la perpendiculaire à l'angle postéro-dorsal.	37	—
Région antérieure.	20	—
Région postérieure.	48	—

Chez cet Unio du groupe des *Turtoniana*, les échantillons jeunes ont une certaine ressemblance trompeuse avec quelques formes peu typiques de l'*Unio Saint-Simonianus*, parce que, chez eux, la sinuosité inférieure n'est pas encore prononcée et que l'amincissement de la convexité vers les contours n'est pas encore effectué. » (Bourg.)

UNIO BREBISSONI, Locard (p. 46).

Coquille d'un galbe dactyliforme, étroitement allongé, bien renflé, avec une direction légèrement descendante. Bord supérieur droit, allongé, se poursuivant jusqu'au rostre suivant une ligne à peine arquée, formant avec lui un angle postéro-dorsal à peine sensible. Bord inférieur largement arrondi, un peu plus relevé dans la région antérieure que dans l'autre. Région antérieure courte, bien arrondie, un peu étroite. Région postérieure près de trois fois plus longue que la région antérieure, terminée par un rostre sensiblement médian et très allongé. — Valves assez épaisses, un peu baillantes en avant et surtout en arrière, au-dessus du rostre. Épiderme d'un brun verdâtre plus foncé et plus brun dans la région des sommets et vers le rostre, avec quelques zones jaunâtres mal définies. Intérieur nacré, d'un blanc bleuté, un peu carnéolé vers les sommets. — Sommets très antérieurs et très profondément excoriés, assez saillants et très élargis. Ligament fort, assez allongé, d'un brun roux. Dent cardinale triangulaire, peu haute, assez fortement fimbriée. Dent latérale presque droite, bien allongée, peu haute et peu tranchante.

Longueur maximum. . , ...	57	millimètres
Hauteur maximum..	43	—
Hauteur de la perpendiculaire.	43	—
Épaisseur maximum (point maximum de la convexité : à 7 des sommets; à 3 de la perpendiculaire; à 40 du rostre; à 17 du bord antérieur; à 22 de l'angle postéro-dorsal; à 17 de la base de la perpendiculaire).	16	—
Corde apico-rostrale.	46	—
Distance des sommets à l'angle postéro-dorsal. . . .	26	—
Distance de cet angle au rostre..	20	—
Distance du rostre à la perpendiculaire.	41	—
Distance de la base de la perpendiculaire à l'angle postéro-dorsal.	32	—
Région antérieure.	15	—
Région postérieure.	43	—

Cette bien curieuse espèce, si nettement caractérisée, nous a été communiquée par M. de Brebisson, qui a mis très obligeamment à notre disposition ses collections du Nord de la France.

UNIO HOPITALI, Locard (p. 45).

Coquille d'un galbe amygdaloïde un peu déprimé, très allongé, avec une direction fortement déclive. Bord supérieur court, à peine arqué, se prolongeant jusqu'au rostre suivant une ligne presque continue largement courbée, descendant un peu plus rapidement à partir de l'angle postéro-dorsal, lequel est très ouvert. Bord inférieur rectiligne dans son milieu, un peu plus retroussé dans la région antérieure que dans la postérieure. Région postérieure très étroite, relevée dans le haut, à profil arrondi. Région postérieure trois fois et demie plus longue que la région antérieure, terminee par un rostre un peu infra-médian, étroitement allongé. — Valves un peu minces, assez fortement baillantes dans le voisinage de l'angle postéro-dorsal jusqu'au rostre. Épiderme d'un brun roux clair, avec quelques taches verdâtres ou jaunâtres assez confuses. Intérieur nacré, irisé, devenant carnéolé dans toute la région des sommets. Sommets très antérieurs, profondément excoriés, peu saillants, élargis. Ligament d'un brun jaunâtre, allongé et fort. Dent cardinale subtrigone, courte, peu haute, mais épaisse, finement fimbriée au sommet. Dent latérale droite, un peu allongée, peu haute, mais assez tranchante à son extrémité.

Longueur maximum.	55	millimètres
Hauteur maximum (à 14 de la perpendiculaire). . .	24	—
Hauteur de la perpendiculaire	23	—
Épaisseur maximum (point maximum de la convexité : à 15 des sommets; à 25 du bord antérieur; à 12 de la perpendiculaire; à 32 du rostre; à 16 de l'angle postéro-dorsal; à 18 de la base de la perpendiculaire).	17	—
Corde apico-rostrale . :	43	—
Distance des sommets à l'angle postéro-dorsal. . .	29	—
Distance de cet angle au rostre.	23	—
Distance du rostre à la perpendiculaire.	37	—
Distance de la base de la perpendiculaire à l'angle postéro-dorsal.	32	—
Région antérieure.	12	—
Région postérieure..	43	—

C'est également à M. de Brebisson que nous devons la connaissance de cette espèce qui avait été recueillie par de l'Hôpital, dans le Calvados. Elle diffère de l'*Unio Brebissoni* : par son galbe un peu plus déprimé, moins étroitement allongé dans la région postérieure; par son bord supérieur plus court; par sa région postérieure peu haute; par son rostre bien moins étroit; par son bord inférieur rectiligne et non arqué; par sa dent cardinale; etc.

UNIO AMBLYUS, Castro (p. 46).

Coquille d'un galbe général amygdaloïde, bien allongé, régulièrement renflé. Bord supérieur peu convexe, assez court, se prolongeant par une longue courbe continue, lentement descendante, si ce n'est à son extrémité, jusque vers le rostre. Bord inférieur très allongé, non sinueux, largement courbé. Région antérieure bien arrondie, un peu décurrente dans le bas, plus de deux fois plus courte que la région postérieure. Région postérieure régulièrement allongée, terminée par un rostre peu prononcé, exactement médian. — Valves solides et épaisses, régulièrement renflées dans leur ensemble, avec le maximum de convexité presque central, assez fortement baillantes en avant, un peu moins en arrière. Épiderme un peu terne, noirâtre, avec quelques zones d'un brun très foncé dans la région palléale. Intérieur nacré d'un beau jaune orangé peu vif, mais assez foncé, irisé dans la région rostrale. Sommets fortement et largement excoriés, très peu saillants, participant au bombement général de la coquille. Lunule étroite. Ligament fort, très allongé, noirâtre. Dent cardinale triangulaire, épaisse à sa base, assez haute, un peu acuminée, denticulée au sommet. Lamelle latérale droite, peu haute, épaisse dans le bas.

Longueur maximum.	76	millimètres
Hauteur maximum (à 11 de la perpendiculaire). . .	37	—
Hauteur de la perpendiculaire.	34	—
Épaisseur maximum (point maximum de la convexité : à 15 de la perpendiculaire, à 21 des sommets; à 38 du bord antérieur; à 20 de l'angle postéro-dorsal; à 39 du rostre; à 25 de la base de la perpendiculaire).	23	—
Corde apico rostrale.	61	—
Distance des sommets à l'angle postéro-dorsal. . .	36	—
Distance de cet angle au rostre.	27	—
Distance du rostre à la perpendiculaire.	51	—
Distance de la base de la perpendiculaire à l'angle postéro-dorsal.	43	—
Région antérieure.	23	—
Région postérieure.	55	—

Cette espèce marque la transition entre les *Turtoniana* et les *Moreletiana*. Comparée à l'*Unio Moquinianus* qui appartient au même groupe, elle s'en distingue : à sa taille plus forte; à son galbe plus renflé dans tout son ensemble; à sa région postérieure plus régulièrement allongée; à son rostre plus médian; à son bord inférieur plus courbé; à sa charnière; etc.

UNIO ANTIMOQUINIANUS, Locard (p. 47).

« L'*Unio Moquinianus* doit avoir pour type l'échantillon figuré (fig. 1, *Moll. Gers*, 1843) et représenté un peu différemment (*Moll. France*, pl. XXVI, fig. 18). Je suis d'avis que l'on peut rapporter à titre de variété, la forme (fig. 2, *Moll. Gers*), dont le rétrécissement de la région antérieure a peut-être été exagéré.

« Quant à la figure 3 du même ouvrage, elle représente certainement une espèce distincte, à laquelle j'ai donné, dans ma collection, le nom d'*Unio antimoquinianus* Locard. Cette espèce est remarquable par une forme plus écourtée que celle du véritable *Moquinianus*, à région postérieure plus largement dilatée en hauteur, à rostre plus arrondi, à région moyenne plus sinuée. Chez cette espèce, le ligament est plus court; de plus, la dent cardinale a une facture différente : elle est allongée-comprimée, à sommet plan, denticulé chez le *Moquinianus* type; cette même dent au contraire est conoïde, épaisse et en forme de coin chez notre nouvelle espèce. La dent latérale est, en outre, chez l'*antimoquinianus*, moins longue que celle du *Moquinianus*. » (Bourg.)

UNIO FRAYSSIANUS, Coutagne (p. 49).

« Coquille de forme oblongue-allongée dans une direction descendante, relativement très ventrue, notamment sur toute la région dorsale des sommets au rostre, et offrant au niveau de la perpendiculaire, une convexité sinueuse qui ne se fait pas sentir sur le contour du bord palléal. Bord supérieur faiblement arqué jusqu'à l'angle postéro-dorsal. Région antérieure peu développée, arrondie et fortement décurrente inférieurement. Bord inférieur descendant, à peine arqué. Région postérieure très longue, près de trois fois plus développée que l'antérieure, allant en augmentant faiblement en hauteur jusqu'à 28 millimètres en arrière de la perpendiculaire, puis allant en s'atténuant en une partie rostrale obtuse, inférieure. Valves épaisses, pesantes, toujours encrassées d'un limon pierreux des plus tenaces, à peine baillantes en arrière. Épiderme brillant d'un jaune paille, avec quelques zones concentriques. Intérieur d'une belle nacre orangée. — Sommets robustes, gros, proéminents, fortement tuberculeux. Sillon dorsal prononcé. Ligament très long, peu saillant. Lunule triangulaire. Dent cardinale épaisse, volumineuse, un peu allongée, bien fimbriée et de forme obtusément trigone. Dent latérale large, épaisse, écrasée. »

Longueur maximum.	70	millimètres
Hauteur maximum (à 30 de la perpendiculaire). . .	35	—
Hauteur de la perpendiculaire.	33	—
Épaisseur maximum (point maximum de la convexité : à 16 de la perpendiculaire ; à 22 des sommets ; à 36 du rostre et du bord antérieur ; à 19 de l'angle postéro-dorsal ; à 34 de la base de la perpendiculaire).	26	—
Corde apico-rostrale.	60	—
Distance des sommets à l'angle postéro-dorsal. . . .	38	—
Distance de cet angle au rostre.	27	—
Distance du rostre à la perpendiculaire.	38	—
Distance de la base de la perpendiculaire à l'angle postéro-dorsal.	40 1/2	—
Région antérieure	18	—
Région postérieure.	52	—

(Bourg.).

UNIO MEYRANNICUS, Bourguignat (p. 49).

« Coquille de forme oblongue dans une direction descendante, très ventrue dans la région des sommets et dans la région ventrale, faiblement sinueuse à sa partie moyenne. Bord supérieur fortement arqué dans tout son parcours. Région antérieure anguleuse supérieurement, arrondie et fortement décurrente. Bord inférieur descendant, légèrement sinué. Région postérieure à peu près deux fois et demie plus longue que l'antérieure, allant en augmentant faiblement jusqu'à 19 millimètres en arrière de la perpendiculaire, et s'atténuant ensuite en une partie rostrale, arrondie, tout à fait inférieure et regardant en bas. — Valves médiocrement épaisses, non pesantes, très étroitement baillantes en arrière et à la base de la région antérieure. Epiderme brillant, marron foncé sur la région ventrale, et d'un beau brun jaune vers le pourtour des valves. Épiderme d'une belle nacre blanche irisée. — Sommets fortement recourbés gros, proéminents, à peine tuberculeux aux crochets. Sillon dorsal prononcé. Ligament allongé, médiocre. Lunule virguliforme. Dent cardinale épaisse, haute, bien trigone. Dent latérale saillante, mince et coupante, notamment à son extrémité.

Longueur maximum.	62	millimètres
Hauteur maximum (à 19 de la perpendiculaire). . .	35	—
Hauteur de la perpendiculaire.	34	—
Épaisseur maximum (point maximum de la convexité : à 12 de la perpendiculaire; à 23 des sommets; à 29 du rostre; à 30 du bord antérieur; à 15 de l'angle postéro-dorsal; à 20 de la base de la perpendiculaire).	23	—
Corde apico-rostrale.	52	—
Distance des sommets à l'angle postéro-dorsal. . . .	29	—
Distance de cet angle au rostre.	28	—
Distance du rostre à la perpendiculaire.	35	—
Distance de la base de la perpendiculaire à l'angle postéro-dorsal.	35	—
Région antérieure.	18	—
Région postérieure.	44	—

« Cette espèce, moins longue, et relativement plus haute que la précédente, en diffère, en outre, par presque tous ses autres caractères. » (Bourg.)

UNIO ARARISIANUS, Coutagne (p. 49).

« Coquille de forme irrégulièrement oblongue, suballongée dans une direction déclive, avec deux parties anguleuses supérieures : l'une en avant, l'autre, plus obtuse, à l'angle postéro-dorsal; comprimée et sinuée sur la région ventrale inférieure, au niveau de la perpendiculaire. Bord supérieur rectiligne jusqu'à l'angle postéro-dorsal, puis descendant rectilignement pour s'arrondir au rostre. Bord inférieur recto-décurrent, avec un sentiment de sinuosité dans sa partie moyenne. Région antérieure développée, arrondie, anguleuse supérieurement, légèrement décurrente inférieurement. Région postérieure un peu plus du double plus longue que l'antérieure, allant en augmentant de deux millimètres jusqu'à 25 en arrière de la perpendiculaire, puis s'atténuant brusquement en un rostre inférieur obtus. — Valves assez épaisses, baillantes en arrière, à convexité inégalement répartie par suite de la compression et de la sinuosité de la partie ventrale inférieure. Épiderme d'un beau jaune paille uniforme. Intérieur d'un blanc nacré. — Sommets recourbés, obtus, proéminents, un peu ridés. Sillon dorsal prononcé. Ligament court, saillant. Lunule grande, triangulaire. Dent cardinale allongée, trigone, peu élevée, comprimée, tout en restant assez épaisse. Dent latérale irrégulière, forte seulement à son extrémité. »

Longueur maximum.	57	millimètres
Hauteur maximum (à 25 de la perpendiculaire). . .	30	—
Hauteur de la perpendiculaire.	28	—
Épaisseur maximum (point maximum de la convexité : à 10 de la perpendiculaire; à 18 des sommets; à 31 du rostre ; à 27 du bord antérieur ; à 17 de l'angle postéro-dorsal ; à 18 de la base de la perpendiculaire).	21	—
Corde apico-rostrale.	48	—
Distance des sommets à l'angle postéro-dorsal. . . .	28	—
Distance de cet angle au rostre.	25	—
Distance du rostre à la perpendiculaire.	36	—
Distance de la base de la perpendiculaire à l'angle postéro-dorsal.	33	—
Région antérieure.	17	—
Région postérieure.	41	—

(Bourg.).

UNIO FABÆFORMIS, Bourguignat (p. 50).

Coquille de petite taille, profilée en forme de fève, bien renflée dans la région des sommets, avec une direction postérieure un peu descendante. Bord supérieur un peu court, arqué, se prolongeant jusqu'à l'angle postéro-dorsal suivant une courbe allongée, un peu déclive, descendant ensuite rapidement jusqu'au rostre. Bord inférieur fortement sinueux dans sa partie médiane, bien recourbé à ses deux extrémités. Région antérieure haute et bien arrondie. Région postérieure près de trois fois plus longue, partagée par une arête apico-rostrale bien accusée, assez large, terminée par un rostre très obtus et inférieur. — Valves solides, épaisses, baillantes surtout dans la région postérieure. Épiderme d'un brun jaunâtre, plus clair dans la région des sommets, avec quelques zones concentriques plus foncées. Intérieur nacré. — Sommets saillants, s'élargissant très rapidement de façon à donner à la coquille un faciès renflé dans la région supérieure, se prolongeant suivant l'arête apico-rostrale. Dent cardinale subtriangulaire, peu haute, assez épaisse, faiblement acuminée. Dent latérale un peu arquée, allongée, haute à son extrémité.

Longueur maximum.	43	millimètres
Hauteur maximum (à 13 de la perpendiculaire). . .	23	—
Hauteur de la perpendiculaire.	22	—
Épaisseur maximum (point maximum de la convexité : à 10 de la perpendiculaire; à 13 des sommets; à 25 du rostre; à 21 du bord antérieur; à 19 de l'angle postéro-dorsal; à 28 de la base de la perpendiculaire).	17	—
Corde apico-rostrale.	38	—
Distance des sommets à l'angle postéro-dorsal. . . .	26	—
Distance du rostre à la perpendiculaire.	30	—
Distance de la base de la perpendiculaire à l'angle postéro-dorsal.	29	—
Distance de cet angle au rostre.	16	—
Région antérieure.	11	—
Région postérieure.	32	—

UNIO ARAMONENSIS, Locard (p. 50).

Coquille d'un galbe largement subelliptique bien déprimé, légèrement rostré, avec une direction faiblement déclive. Région antérieure large et haute, légèrement anguleuse dans le haut, largement retroussée dans le bas. Région postérieure deux fois et demie plus longue que la région antérieure, terminée par un rostre obtus inférieur. Bord supérieur un peu allongé, faiblement arqué, se prolongeant jusqu'au rostre suivant une courbe presque continue, à peine plus infléchie à partir de l'angle postéro-dorsal. Bord inférieur allongé, légèrement subsinueux dans sa partie médiane, notablement plus relevé dans la région antérieure que vers le rostre. — Valves peu épaisses, baillantes dans la partie inférieure de la région antérieure et au-dessus du rostre. Épiderme brillant, d'un vert foncé, passant au gris dans la région des sommets, avec quelques zones brunes ou jaunâtres plus accusées dans la région antéro-basale. Intérieur d'une nacre bleutée, bien irisé sur les bords. Sommets peu saillants, comme comprimés, ridés à la naissance; ligament roux-clair, allongé, assez fort. Dent cardinale triangulaire, longue à la base et assez mince, médiocrement acuminée, finement fimbriée. Dent latérale allongée, légèrement arquée, peu haute, tranchante à son extrémité.

Longueur maximum.	72	millimètres
Hauteur maximum.	34	—
Hauteur de la perpendiculaire.	34	—
Epaisseur maximum (point maximum de la convexité : à 17 des sommets ; à 33 du bord antérieur ; à 13 de la perpendiculaire ; à 21 de l'angle postéro-dorsal ; à 41 du rostre ; à 26 de la base de la perpendiculaire).	20	—
Corde apico-rostrale.	57	—
Distance des sommets à l'angle postéro-dorsal. . . .	33 1/2	—
Distance de cet angle au rostre.	28	—
Distance du rostre à la perpendiculaire.	48	—
Distance de la base de la perpendiculaire à l'angle postéro-dorsal.	42	—
Région antérieure.	21	—
Région postérieure.	51	—

Cette espèce est incontestablement voisine de l'*Unio meretricis* ; elle en diffère : par son galbe plus elliptique ; par ses valves moins renflées, avec les sommets plus déprimés dans leur ensemble, et moins saillants à leur origine ; par son rostre plus allongé ; par sa région antérieure plus haute ; par sa dent cardinale plus mince et plus allongée ; par son test moins épais ; etc.

UNIO VARDONICUS, Locard (p. 51).

Coquille d'un galbe subelliptique un peu allongé, assez renflé, avec une direction nettement déclive, terminé par un rostre obtus et un peu inférieur. Région antérieure large et haute, à peine anguleuse dans le haut. région postérieure un peu moins de deux fois et demie plus longue que l'antérieure, allant en s'atténuant jusqu'au rostre. Bord supérieur assez allongé, faiblement arqué, se poursuivant jusqu'au rostre suivant une courbe de plus en plus infléchie, formant un angle postéro-dorsal bien marqué. Bord inférieur allongé, légèrement sinueux dans son milieu, à peine un peu plus retroussé dans la région antérieure que vers le rostre. — Valves solides, très épaisses, à peine baillantes dans toute la région antérieure et au-dessus du rostre. Épiderme d'un jaune roux assez foncé, passant au brun clair dans le voisinage des sommets. Intérieur d'une belle nacre blanche irisée. — Sommets dénudés, légèrement ondulés, forts et saillants, un peu renflés. Ligament robuste, allongé, d'un jaune roux. Dent cardinale triangulaire peu haute, allongée et épaisse à la base, finement fimbriée au sommet. Dent latérale forte, épaisse, légèrement arquée, un peu élevée et tranchante à son extrémité.

Longueur maximum.	73	millimètres
Hauteur maximum.	37	—
Hauteur de la perpendiculaire.	37	—
Épaisseur maximum (point maximum de la convexité : à 18 des sommets; à 25 du bord antérieur; à 13 de la perpendiculaire et de l'angle postéro-dorsal; à 41 du rostre; à 27 de la base de la perpendiculaire).	23	—
Corde apico-rostrale.	58	—
Distance des sommets à l'angle postéro-dorsal. . .	23	—
Distance de cet angle au rostre.	38	—
Distance du rostre à la perpendiculaire.	48	—
Distance de la base de la perpendiculaire à l'angle postéro-dorsal.	39	—
Région antérieure.	23	—
Région postérieure.	50	—

Cette espèce est voisine de la précédente ; elle s'en distingue : par son galbe moins régulièrement elliptique ; par son ensemble plus renflé ; par sa région postérieure moins allongée ; par son bord postéro-dorsal plus infléchi vers un rostre moins médian ; par son bord inférieur plus allongé et moins sinueux ; par son bord supérieur plus court ; etc.

Comparée à l'*Unio meretricis*, on la reconnaîtra : à son galbe plus haut ; à ses sommets plus larges et plus renflés ; à son rostre plus inférieur ; à son bord postéro-dorsal plus incliné ; à son bord supérieur plus court ; etc.

UNIO SALMURENSIS, Bourguignat (p. 51).

« Coquille de forme oblongue, bien ventrue, avec un sentiment de méplat vers la partie moyenne du bord palléal, méplat dû à la forte convexité de la région du sillon postéro-dorsal. Bord supérieur presque rectiligne, depuis l'angle du contour antérieur jusqu'à l'angle postéro-dorsal, puis descendant jusqu'au rostre. Région antérieure bien arrondie. Bord inférieur subrectiligne, un tant soit peu sinué à sa partie moyenne. Région postérieure un peu plus d'une fois et demie plus longue que l'antérieure, terminée par une partie rostrale obtuse, assez inférieure. — Valves médiocrement épaisses, un peu baillantes en avant et en arrière. Épiderme brillant, d'un marron foncé, avec quelques zones d'une teinte plus foncée. Intérieur d'une belle nuance carnéolée ou orangée. — Sommets gros, obtus, proéminents, excoriés. Sillon dorsal prononcé. Ligament robuste, relativement court. Lunule allongée. Dent cardinale longue, épaisse bien que comprimée, d'une forme obtusément trigone. Dent latérale très allongée, trigone, comprimée et coupante à son extrémité.

Longueur maximum.	76	millimètres
Hauteur maximum et hauteur perpendiculaire. . . .	37	—
Épaisseur maximum (point maximum de la convexité : à 2 de la perpendiculaire ; à 13 des sommets ; à 46 du rostre ; à 32 du bord antérieur ; à 27 1/2 de l'angle postéro-dorsal ; à 24 de la base de la perpendiculaire.)	26	—
Corde apico-rostrale.	56	—
Distance des sommets à l'angle postéro-dorsal. . .	32	—
Distance de cet angle au rostre.	28	—
Distance du rostre à la perpendiculaire..	44	—
Distance de la base de la perpendiculaire à l'angle postéro-dorsal.	41	—
Région antérieure.	30	—
Région postérieure.	48	—

« Cette espèce se distingue du véritable *Unio Requieni* de Michaud : par sa taille plus forte ; par ses valves plus épaisses, moins baillantes en avant ; par sa ventrosité plus accentuée, notamment sur la région ombonale et sur celle du sillon postéro-dorsal; par ses sommets plus gros, plus renflés et moins en avant; par sa région antérieure plus développée et sa partie postérieure moins allongée; par sa dent cardinale plus élevée, plus longue et faite différemment; par sa dent latérale plus robuste; etc. » (Bourg.).

UNIO HYDRELUS, Locard (p. 51).

Coquille d'un galbe subelliptique, un peu allongé dans une direction décurrente, peu renflé dans son ensemble. Bord supérieur assez allongé, un peu convexe, puis assez rapidement descendant jusque vers le rostre. Bord inférieur, largement mais peu profondément sinueux dans sa partie médiane. Région antérieure haute, bien arrondie, un peu retroussée dans le haut. Région postérieure allongée, plus de deux fois plus longue que la région antérieure, avec une direction bien tombante, terminée par un rostre un peu obtus et basal. — Valves peu épaisses, légèrement baillantes dans toute la région antérieure, un peu plus baillantes depuis l'angle postéro-dorsal jusqu'au rostre. Épiderme brillant, d'un rouge brun vers les sommets, puis d'un brun verdâtre alternant avec des zones plus foncées sur le reste du test. Intérieur d'un nacré un peu bleuté. — Sommets peu saillants, un peu dénudés, s'élargissant rapidement. Sillon dorsal très peu profond, très élargi vers le bord palléal. Lunule allongée. Dent cardinale triangulaire, petite, mince, un peu acuminée, finement fimbriée à son sommet. Dent latérale allongée, peu courbée, un peu haute mais peu tranchante à son extrémité.

Longueur maximum.	64	millimètres
Hauteur maximum (à 22 de la perpendiculaire). . .	33	—
Hauteur de la perpendiculaire.	32	—
Épaisseur maximum (point maximum de la convexité : à 8 de la perpendiculaire; à 11 des sommets; à 40 du rostre; à 27 du bord antérieur; à 22 de l'angle postéro-dorsal; à 22 de la base de la perpendiculaire).	18	—
Corde apico-rostrale.	52	—
Distance des sommets à l'angle postéro-dorsal. . .	31	—
Distance de cet angle au rostre.	26	—
Distance du rostre à la perpendiculaire.	39	—

Distance de la base de la perpendiculaire à l'angle postéro-dorsal. . . . . 37 millimètres
Région antérieure. . . . . 20 —
Région postérieure. . . . . 45 —

Cette espèce est voisine de l'*Unio Requieni* avec lequel elle paraît avoir été souvent confondue. On la distinguera : à son galbe moins régulièrement ovalaire, avec une direction plus décurrente; à sa région antérieure moins haute et moins large; à sa région postérieure plus étroite et plus infléchie, avec un rostre beaucoup plus basal; à ses sommets moins saillants; à son angle postéro-dorsal moins accusé, la ligne qui va des sommets au rostre paraissant presque continue; à sa coloration toujours plus foncée; etc.

UNIO LESUMICUS, Bourguignat (p. 52).

« Michaud a figuré, sous le nom d'*Unio rostratus* (pl. XVI, fig. 25), une forme qui n'est point le véritable *U. rostratus* de de Lamarck, mais bien de l'*Unio Lesumicus (nov. sp.)* du Lesum à Vegesack, près de Brême. Cette espèce, remarquable par son extrémité postérieure terminée par un petit rostre très aigu, par la proéminence de ses sommets, par la régularité de la convexité de son bord inférieur, convexité que l'on ne remarque pas chez l'*Unio rostratus*, est suffisamment bien figurée pour qu'il soit inutile de donner de plus amples détails. D'après Michaud, cet Unio aurait été trouvé dans le Rhône, à Lyon. » (Bourg.)

UNIO MARIÆ, Pacôme (p. 53).

« Coquille oblongue-ovalaire, obtuse et convexe dans tous ses contours, relativement assez ventrue, notamment sur la région ombonale, et à convexité bien régulière. Bord supérieur bien arqué. Bord inférieur régulièrement convexe. Région antérieure arrondie, relativement peu développée. Région postérieure n'atteignant pas en longueur le double de l'antérieure, allant en augmentant très faiblement jusqu'à 12 millimètres en arrière de la perpendiculaire, et s'atténuant ensuite en une large partie rostrale arrondie et un peu inférieure. — Valves minces, très faiblement baillantes en avant et en arrière. Épiderme d'un brun jaunâtre, avec des radiations vertes en arrière, et passant, sur les sommets, à la couleur rouge-brique. Nacre intérieure blanche, irisée, devenant orangée sous la région ombonale. — Sommets gros, obtus, assez proéminents, excoriés, et, malgré l'excoriation, laissant voir les traces de quelques rides tuberculeuses. Ligament court, peu saillant. Lunule filiforme, très allongée. Dent cardinale haute, comprimée, quoiqu'assez épaisse, à sommets très obtus, tronquée et finement denticulée. Dent latérale mince, élevée, tranchante et relativement courte. »

Longueur maximum.	49	millimètres
Hauteur maximum (à 12 de la perpendiculaire). . .	28	—
Hauteur de la perpendiculaire.	27	—
Épaisseur maximum (point maximum de la convexité: à 4 de la perpendiculaire; à 11 des sommets; à 28 du rostre; à 21 du bord antérieur; à 18 de l'angle postéro-dorsal.	17	—
Corde apico-rostrale.	37	—
Distance des sommets à l'angle postéro-dorsal. . .	23	—
Distance de cet angle au rostre..	17	—
Distance du rostre à la perpendiculaire.	30	—
Distance de la base de la perpendiculaire à l'angle postéro-dorsal.	30	—
Région antérieure.	18	—
Région postérieure.	31	—
	(Bourg.)	

UNIO CAROLIENSIS, Pacôme (p. 53).

« Coquille de forme ovalaire un peu déclive, relativement ventrue et normalement bien bombée dans toutes ses parties, sauf vers l'angle postéro-dorsal, où les valves s'aplatissent d'une façon assez brusque. Bord supérieur faiblement arqué, puis subconvexe-descendant à partir de l'angle postéro-dorsal. Bord inférieur convexe. Région antérieure arrondie, décurrente inférieurement et offrant, à sa partie supérieure, une angulation prononcée. Région postérieure pas tout à fait le double de l'antérieure, allant en augmentant faiblement en hauteur jusqu'à 12 millimètres en arrière de la perpendiculaire, puis terminée par une partie rostrale obtuse et inférieure. — Valves minces, très légèrement baillantes à la base antérieure et plus ouvertes postérieurement. Épiderme d'un noir jaunacé passant au vert en arrière. Nacre intérieure d'un blanc bleuâtre. — Sommets inclinés en avant, très obtus, très gros, bien que médiocrement proéminents, excoriés et offrant, lorsqu'ils ne le sont pas, quelques rides tuberculeuses. Ligament assez court, peu saillant. Lunule longuement triangulaire. Dent cardinale longue, comprimée, néanmoins forte, élevée, à sommet tronqué, fortement denticulée. Dent latérale très haute, très mince, tranchante et fimbriée. »

Longueur maximum.	49	millimètres
Hauteur maximum (à 12 de la perpendiculaire). . .	29	—
Hauteur de la perpendiculaire.	27	—
Épaisseur maximum (point maximum de la convexité : à 6 de la perpendiculaire ; à 12 des sommets ; à 27 du rostre ; à 23 du bord antérieur ; à 17 de l'angle postéro-dorsal ; à 18 de la base de la perpendiculaire).	19	—
Corde apico-rostrale.	38	—
Distance des sommets à l'angle postéro-dorsal. . . .	24	—
Distance de cet angle au rostre.	18	—
Distance du rostre à la perpendiculaire.	27	—
Distance de la base de la perpendiculaire à l'angle postéro-dorsal.	30	—
Région antérieure.	17	—
Région postérieure.	32 1/2	—

(Bourg.)

UNIO PASSAVANTI, Bourguignat (p. 53).

« Coquille suboblongue-ovalaire, bien ventrue, comme subovoïde, à convexité régulière. Bord supérieur subarqué jusqu'à l'angle postéro-dorsal, puis convexe-descendant jusqu'au rostre. Région antérieure arrondie, décurrente inférieurement. Bord inférieur subarqué-descendant, avec un sentiment d'arcuation plus forte vers sa partie rostrale. Région postérieure un peu plus de deux fois plus longue que l'antérieure, allant en augmentant en hauteur jusqu'à 16 millimètres en arrière de la perpendiculaire, puis s'atténuant en une large partie rostrale inférieure, très obtuse et bien ronde. — Valves minces baillantes seulement en arrière. Épiderme d'un marron sombre uniforme. Intérieur d'une belle nacre blanche, un peu orangée. — Sommets très excoriés, gros, très obtus, peu proéminents. Sillon dorsal nul. Ligament petit, comme symphynoté. Lunule virguliforme. Dent cardinale comprimée, assez longue, tronquée, très obtuse. Dent latérale médiocrement élevée, épaisse, à tranchant émoussé.

Longueur maximum.	57	millimètres
Hauteur maximum (à 16 de la perpendiculaire). . .	32 1/2	—
Hauteur de la perpendiculaire.	29	—
Épaisseur maximum (point maximum de la convexité : à 11 de la perpendiculaire ; à 16 des sommets ; à 29 du rostre; à 30 du bord antérieur; à 14 de l'angle postéro-dorsal; à 20 de la base de la perpendiculaire).	21	—
Corde apico-rostrale.	45	—
Distance des sommets à l'angle postéro-dorsal. . .	26	—
Distance de cet angle au rostre.	23 1/2	—
Distance du rostre à la perpendiculaire.	33	—
Distance de la base de la perpendiculaire à l'angle postéro-dorsal.	33	—
Région antérieure.	19	—
Région postérieure.	39	—

L'*Unio Passavanti* est l'espèce la plus allongée du groupe et la plus régulièrement ventrue. » (Bourg.)

UNIO MUCIDELLUS, Bourguignat (p. 54).

« Coquille allongée, peu ventrue, remarquable par une région postérieure plus de deux fois et demie plus longue que l'antérieure, et terminée par un rostre aminci obtus et inférieur. Bord supérieur presque rectiligne jusqu'à l'angle postéro-dorsal, puis convexe-descendant. Région antérieure bien arrondie, néanmoins faiblement décurrente inférieurement. Bord inférieur à peine arqué. Région postérieure allant en diminuant et en s'amincissant jusqu'au rostre. — Valves seulement baillantes en arrière. Épiderme brillant, d'une coloration uniforme d'un marron très foncé. Intérieur d'une nacre jaune carnéolée. — Sommets profondément excoriés, très obtus, comme écrasés, comprimés, à peine proéminents. Sillon dorsal peu accentué. Ligament à moitié recouvert. Lunule très longue, filiforme. Dent cardinale allongée, tout en étant épaisse, robuste, peu élevée, de forme trigone et légèrement fimbriée. Dent latérale très longue, peu haute, épaisse, un peu coupante à son extrémité. »

Longueur maximum.	65	millimètres
Hauteur maximum.	29	—
Hauteur de la perpendiculaire.	29	—
Épaisseur maximum (point maximum de la convexité : à 6 de la perpendiculaire ; à 11 des sommets ; à 41 du rostre ; à 24 du bord antérieur ; à 22 de l'angle postéro-dorsal ; à 22 de la base de la perpendiculaire.)	19	—
Corde apico-rostrale.	51	—
Distance des sommets à l'angle postéro-dorsal. . .	28	—
Distance de cet angle au rostre.	26	—
Distance du rostre à la perpendiculaire.	44	—
Distance de la base de la perpendiculaire à l'angle postéro-dorsal.	37	—
Région antérieure..	18	—
Région postérieure.	47	—

« Cet Unio se distingue de l'*Unio mucidus* Morelet, du Portugal : par sa taille moindre ; par sa forme moins allongée, moins ventrue ; par ses valves plus minces, plus délicates, baillantes seulement un peu en arrière (celles de l'*Unio mucidus* sont, au contraire, fortement baillantes à l'avant et à l'arrière ; par son épiderme brillant, délicatement sillonné de stries concentriques (les sillons sont fortement saillants chez l'*Unio mucidus)* ; par ses sommets moins volumineux, plus comprimés ; par sa dent cardinale bien plus mince et de forme différente ; etc. » (Bourg.)

UNIO TALUS, Bourguignat (p. 88).

« Coquille de forme oblongue-ovalaire, dans une direction faiblement déclive, avec un sentiment de sinuosité à sa partie moyenne, des sommets au bord palléal. Bord supérieur fortement arqué jusqu'au rostre. Région antérieure exiguë, décurrente inférieurement et près de trois fois plus petite que la région postérieure. Bord inférieur faiblement convexe.

Région postérieure conservant sa même hauteur, jusqu'à 19 millimètres en arrière de la perpendiculaire, mais allant en s'atténuant en un large rostre arrondi, regardant en bas. — Valves minces, peu ventrues, seulement baillantes en arrière. Épiderme brillant, d'un brun jaunacé, passant au vert postérieurement. Intérieur d'une belle nacre blanche. — Sommets médiocres, peu proéminents, ridés. Sillon dorsal marqué par une radiation verte. Ligament court, saillant. Lunule allongée. Dent cardinale de forme trigone, peu haute, allongée, tout en étant épaisse et robuste. Dent latérale très longue et très coupante.

Longueur maximum.	49	millimètres
Hauteur maximum (à 19 de la perpendiculaire). . .	25	—
Hauteur de la perpendiculaire.	23	—
Épaisseur maximum (point maximum de la convexité : à 11 de la perpendiculaire ; à 14 des sommets ; à 26 du rostre ; à 25 du bord antérieur ; à 14 de l'angle postéro-dorsal ; à 19 de la base de la perpendiculaire).	16	—
Corde apico-rostrale.	40	—
Distance des sommets à l'angle postéro-dorsal. . .	25	—
Distance de cet angle au rostre.	18	—
Distance du rostre à la perpendiculaire.	33	—
Distance de la base de la perpendiculaire à l'angle postéro-dorsal.	30	—
Région antérieure.	13	—
Région postérieure.	36	—

Cette petite espèce est très distincte de la précédente et s'en différencie facilement. » (Bourg.)

UNIO ŒSIACUS, Locard (p. 58).

Coquille de taille assez petite, d'un galbe ovalaire un peu allongé, médiocrement renflé, avec une direction légèrement déclive. Région antérieure bien arrrondie, assez haute. Région postérieure environ deux fois et demie plus longue que la région antérieure, terminée par un rostre médian un peu aigu. Bord supérieur légèrement arqué, descendant lentement jusqu'au rostre de façon à former un angle postéro-dorsal très ouvert. Bord inférieur droit ou très légèrement subsinueux dans sa partie médiane, puis également recourbé à ses deux extrémités. — Valves assez épaisses, faiblement baillantes dans la région antérieure, plus ouvertes dans tout le haut de la région postérieure. Épiderme d'un vert clair passant au gris roux dans la région antérieure, avec quelques zones concentriques plus roussâtres. Intérieur d'une nacre bleutée, irisée sur les bords. — Sommets faiblement ridés-tuberculeux, peu saillants, s'élargissant très rapidement. Ligament fort, robuste, un peu allongé, d'un brun roux. Dent cardinale subtriangulaire, allongée et assez épaisse à la base, très peu haute, non acuminée, finement denticulée au sommet. Dent latérale forte, épaisse, allongée, un peu haute et assez tranchante à son extrémité.

Longueur maximum.	53	millimètres
Hauteur maximum	27	—
Hauteur de la perpendiculaire.	27	—
Épaisseur maximum (point maximum de la convexité : à 16 des sommets ; à 12 de la perpendiculaire ; à 26 du bord antérieur ; à 14 de l'angle postéro-dorsal ; à 29 du rostre ; à 20 de la base de la perpendiculaire).	18	—
Corde apico-rostrale.	44	—
Distance des sommets à l'angle postéro-dorsal. . .	27	—
Distance de cet angle au rostre.	21	—
Distance du rostre à la perpendiculaire.	37	—
Distance de la base de la perpendiculaire à l'angle postéro-dorsal.	33	—
Région antérieure.	19	—
Région postérieure.	49	—

UNIO PERROUDI, Locard (p. 58).

Coquille d'un galbe étroitement allongé dans une direction presque horizontale ou très peu déclive, très renflé, terminé par un rostre basal un peu acuminé. Région antérieure bien arrondie, assez haute, légèrement anguleuse dans le haut. Région postérieure plus de trois fois plus longue que l'antérieure, rostrée à son extrémité. Bord supérieur à peine arqué, très allongé, sensiblement parallèle avec le bord inférieur depuis les sommets jusqu'à l'angle postéro-dorsal, s'arquant ensuite de plus en plus jusqu'au rostre. Bord inférieur droit, très allongé, un peu plus retroussé dans la région antérieure que vers le rostre. — Valves solides, épaisses surtout dans la région antérieure, seulement baillantes dans le haut de la région postérieure. Épiderme d'un brun très foncé, un peu rougeâtre, devenant plus clair au voisinage des sommets. Intérieur d'un nacré bleuté, irisé vers la périphérie. — Sommets dénudés, un peu saillants à leur origine, s'épanouissant ensuite très largement et très rapidement. Dent cardinale triangulaire, haute, acuminée, peu épaisse, finement fimbriée au sommet. Dent latérale allongée, faiblement arquée, un peu haute et tranchante à son extrémité; ligament brun-noirâtre, fort et allongé.

Longueur maximum.	73	millimètres
Hauteur maximum.	30	—
Hauteur de la perpendiculaire.	30	—
Épaisseur maximum (point maximum de la convexité : à 18 des sommets; à 33 du bord antérieur; à 15 de la perpendiculaire; à 23 de l'angle postéro-dorsal; à 42 du rostre; à 25 de la base de la perpendiculaire.) .	24	—
Corde apico-rostrale	40	—
Distance des sommets à l'angle postéro-dorsal. . .	38	—
Distance de cet angle au rostre.	28	—
Distance du rostre à la perpendiculaire.	53	—
Distance de la base de la perpendiculaire à l'angle postéro-dorsal	43	—
Région antérieure.	17	—
Région postérieure.	55	—

UNIO CAMPYLUS, Bourguignat (p. 59).

« Coquille de forme oblongue, caractérisée par un contour postéro-dorsal déclive presque rectilignement, des sommets à une partie rostrale inférieure, assez aiguë. Bord supérieur d'abord rectiligne en avant des sommets, puis faiblement convexe-descendant en arrière des sommets, jusqu'au rostre. Région antérieure arrondie, anguleuse supérieurement. Bord inférieur faiblement arqué. Région postérieure un peu plus d'une fois et demie plus longue que l'antérieure, allant en diminuant en forme de coin, et terminée par un rostre inférieur obtus, néanmoins assez aigu.

— Valves épaisses, relativement pesantes, très faiblement baillantes à la base antérieure et entre l'angle et le rostre, bien bombées, et dont le bombement, assez étendu dans le sens horizontal sur la région ombonale, offre le maximum de convexité juste sur la ligne perpendiculaire, à 15 millimètres en contre-bas des sommets. Épiderme brillant, d'un marron plus ou moins foncé, avec quelques zones noirâtres. Intérieur d'un blanc carnéolé. Sommets gros, obtus, proéminents, rugueux. Sillon dorsal prononcé, descendant recto-déclivement des sommets au rostre. Ligament saillant, robuste. Lunule triangulaire. Dent cardinale de forme oblongue, trigone, à sommets obtus. Dent latérale longue, saillante et tranchante, seulement à son extrémité. »

Longueur maximum.	61	millimètres
Hauteur maximum et hauteur perpendiculaire. . . .	32 1/2	—
Épaisseur maximum (point maximum de la convexité sur la ligne perpendiculaire : à 15 des sommets ; à 37 du rostre ; à 33 du bord antérieur et de l'angle postéro-dorsal ; à 17 de la base de la perpendiculaire).	21	—
Corde apico-rostrale.	45	—
Distance des sommets à l'angle postéro-dorsal. . .	24	—
Distance de cet angle au rostre.	24	—
Distance du rostre à la perpendiculaire.	35	—
Distance de la base de la perpendiculaire à l'angle postéro-dorsal.	35	—
Région antérieure.	23	—
Région postérieure.	38	—

(Bourg.)

UNIO ARCUATULUS, Bourguignat (p. 59).

« Cette espèce se distingue facilement de l'*Unio campylus*, la seule Unio française avec laquelle on puisse la confondre : par sa taille plus forte ; par son épiderme comme savonneux ; par sa coloration d'un beau jaune paille, passant à une belle teinte verte sur la région postérieure ; par sa région antérieure moins développée, non anguleuse supérieurement ; par son bord supérieur régulièrement convexe dans tout son parcours, jusqu'au rostre, qui est plus inférieur et plus aigu ; par sa région postérieure plus allongée, puisqu'elle dépasse plus de deux fois l'antérieure (tandis que celle de l'*Unio campylus* dépasse l'antérieure seulement un peu plus d'une fois et demie) ; par ses sommets plus en avant, moins saillants, moins gros, mais plus obtus, et comme noyés dans la ventruosité de la région ombonale ; par son sillon postéro-dorsal non rectiligne, mais courbe-déclive ; par son ligament plus gros, plus large; par sa lunule plus courte; par le point maximum de sa convexité situé, non plus sur la perpendiculaire, mais à 7 millimètres en arrière; par sa dent cardinale plus sinuée, plus haute et denticulée ; etc. »

Longueur maximum.	76 millimètres
Hauteur maximum.	33 —
Hauteur de la perpendiculaire.	33 —
Épaisseur maximum (point maximum de la convexité : à 7 de la perpendiculaire; à 16 des sommets; à 50 du rostre; à 27 du bord antérieur; à 26 de l'angle postéro-dorsal; à 24 de la base de la perpendiculaire).	27 —
Corde apico-rostrale.	63 —
Distance des sommets à l'angle postéro-dorsal. . .	33 —
Distance de cet angle au rostre.	33 —
Distance du rostre à la perpendiculaire.	50 —
Distance de la base de la perpendiculaire à l'angle postéro-dorsal.	44 —
Région antérieure.	21 —
Région postérieure.	54 —

(Bourg.)

UNIO EUTHYMEANUS, Locard (p. 60).

Coquille d'un galbe allongé, presque régulièrement elliptique, bien renflé dans tout son ensemble, un peu atténué vers le rostre. Bord supérieur très court, faiblement arqué, se prolongeant jusqu'au rostre par l'angle postéro-dorsal, sous une longue courbure peu arquée. Bord inférieur très allongé, vaguement subsinueux dans sa partie médiane. Région antérieure bien arrondie, un peu décurrente dans le bas, plus de deux fois plus petite que la région postérieure. Région postérieure allongée, très régulière, terminée par un rostre obtus, très sensiblement médian. — Valves médiocrement épaisses, renflées dans tout leur ensemble, fortement baillantes dans la région antérieure et surtout dans la région postérieure, depuis l'angle postéro-dorsal jusqu'au rostre. Épiderme un peu brillant d'un jaune roux, parfois un peu verdâtre, avec quelques zones étroites et diffuses plus foncées. Intérieur nacré, d'une teinte légèrement carnéolée. — Sommets très élargis, très peu saillants, comme écrasés, faiblement ridés à leur origine. Sillon dorsal à peine sensible à la base de la région palléale. Lunule allongée. Ligament fort, allongé, d'un roux clair. Dent cardinale triangulaire, peu haute, mince, assez longue à la base, denticulée au sommet. Dent latérale très allongée, peu tranchante, peu haute.

Longueur maximum.	67	millimètres
Hauteur maximum.	32	—
Hauteur de la perpendiculaire.	32	—
Épaisseur maximum (point maximum de la convexité : à 4 de la perpendiculaire ; à 9 des sommets ; à 32 du bord antérieur ; à 33 de l'angle postéro-dorsal ; à 47 du rostre ; à 25 de la base de la perpendiculaire). .	22	—
Corde apico-rostrale.	56	—
Distance des sommets à l'angle postéro-dorsal. . .	40	—
Distance de cet angle au rostre.	21	—
Distance du rostre à la perpendiculaire.	42	—
Distance de la base de la perpenciculaire à l'angle postéro-dorsal.	40	—
Région antérieure.	20	—
Région postérieure.	48	—

Cette remarquable espèce, que nous sommes heureux de dédier au savant naturaliste, le R. Frère Euthyme, assistant du supérieur général des Petits-Frères de Marie, est remarquable par la régularité de son galbe, régulièrement profilé et régulièrement renflé dans tout son ensemble. Elle diffère de l'*Unio vinceleus* : par son galbe plus étroitement allongé ; par sa région antérieure plus étroite ; par ses sommets plus antérieurs et encore plus effacés ; par son bord inférieur moins sinueux et plus allongé ; par sa région postérieure plus cylindriforme ; etc.

UNIO LUGDUNICUS, Coutagne (p. 62).

« Coquille relativement peu haute (conservant la même hauteur jusqu'à 24 millimètres en arrière de la perpendiculaire), de forme oblongue très allongée dans le sens horizontal, s'amincissant régulièrement et d'une façon notable postérieurement. Bord supérieur faiblement arqué jusqu'à l'angle postéro-dorsal, puis convexe-descendant. Région antérieure médiocre, ronde. Bord inférieur presque rectiligne avec un faible soupçon de sinuosité à la partie moyenne. Région postérieure très longue, plus de deux fois plus allongée que l'antérieure, allant en s'atténuant et en s'amincissant jusqu'à une partie rostrale très obtuse et relativement inférieure. — Valves minces, légères, assez fortement baillantes *seulement en arrière*, d'une convexité régulière, sauf à la région postérieure qui est très plate. Épiderme brillant, d'un beau marron uniforme avec quelques zones plus foncées, passant à un ton plus clair vers les sommets. Intérieur d'une nacre blanche-bleuacée. — Sommets très antérieurs, très obtus, peu proéminents, avec deux rangées de rugosités divergentes. Sillon dorsal prononcé seulement sur la région ombonale. Ligament gros, court, saillant. Lunule filiforme, très allongée. Charnière presque nulle au niveau des crochets, bien développée aux extrémités. Dent cardinale longue, plate, quoique assez épaisse, largement tronquée au sommet et bien denticulée. Dent latérale très longue, très mince, haute et tranchante. »

Longueur maximum.	68	millimètres
Hauteur maximum.	27	—
Hauteur de la perpendiculaire.	27	—
Épaisseur maximum (point maximum de la convexité : à 18 de la perpendiculaire ; à 18 des sommets ; à 37 du rostre ; à 31 du bord antérieur ; à 21 de l'angle postéro-dorsal ; à 18 de la base de la perpendiculaire)	20	—
Corde apico-rostrale.	54	—
Distance des sommets à l'angle postéro-dorsal. . . .	33	—
Distance de cet angle au rostre.	24 1/2	—
Distance du rostre à la perpendiculaire.	45	—
Distance de la base de la perpendiculaire à l'angle postéro-dorsal.	38	—

Région antérieure. . . . . 19 millimètres
Région postérieure. . . . . 48 —
(Bourg.)

UNIO OBERTHURIANUS, Bourguignat (p. 62).

« Coquille de forme oblongue, dans une direction déclive, terminée par une partie postérieure très amincie, obtuse, et regardant inférieurement. Bord supérieur régulièrement convexe jusqu'au rostre. Région antérieure arrondie, légèrement décurrente. Bord inférieur à peine convexe, un tant soit peu rectiligne, tout en présentant une direction décurrente. Région postérieure plus de fois plus longue que l'antérieure, conservant sa même hauteur jusqu'à 22 millimètres en arrière de la perpendiculaire, très amincie à son extrémité qui s'atténue en un rostre obtus et inférieur. — Valves à peine baillantes en avant, un peu plus fortement en arrière, médiocrement renflées (convexité surtout portée vers les sommets). Épiderme d'un marron rouge uniforme. Intérieur irisé de bleuâtre, d'orangé et de tons livides. — Sommets écrasés, très antérieurs, très obtus, à peine proéminents. Ligament robuste, saillant. Lunule oblongue. Sillon dorsal peu prononcé. Charnière relativement volumineuse. Dent cardinale trigone (obliquement tronquée aux sommets), de forme allongée, assez épaisse. Dent latérale mince, élevée et tranchante.

Longueur maximum. . . . . 60 millimètres
Hauteur maximum. . . . . 28 —
Hauteur de la perpendiculaire. . . . . 26 —
Épaisseur maximum (point maximum de la convexité : à 3 de la perpendiculaire ; à 10 des sommets ; à 40 du rostre ; à 21 du bord antérieur ; à 25 de l'angle postéro-dorsal ; 19 de la base de la perpendiculaire. . 18 —
Corde apico-rostrale. . . . . 49 —
Distance de cet angle au rostre. . . . . 22 1/2 —
Distance du rostre à la perpendiculaire. . . . . . 39 —
Distance de la base de la perpendiculaire à l'angle postéro-dorsal. . . . . 34 —
Région antérieure. . . . . 17 —
Région postérieure. . . . . 43 —

Cette espèce est dédiée au savant entomologiste Oberthur, imprimeur à Rennes, dans l'Ille-et-Vilaine. » (Bourg.)

UNIO MUCIDULINUS, Locard (p. 62).

Coquille d'un galbe étroitement ovalaire, bien allongé dans une direction légèrement descendante, avec des valves régulièrement renflées dans leur ensemble. Région antérieure courte, assez haute, assez anguleuse dans le haut, bien retroussée dans le bas. Région postérieure plus de deux fois et demie plus longue que la région antérieure, progressivement atténuée jusqu'à son extrémité, et terminée par un rostre subbasal assez aigu. Bord supérieur légèrement arqué, court dans la région antérieure, allongé dans la région postérieure, s'infléchissant jusqu'au rostre suivant une large courbure, et formant un angle postéro-dorsal bien ouvert. Bord inférieur allongé, légèrement sinueux dans sa partie médiane, beaucoup plus recourbée dans la région antérieure que dans l'autre. — Valves assez baillantes dans le bas de la région antérieure et dans le voisinage du rostre. Test un peu mince, légérement plus épais dans la partie antérieure. Épiderme d'un brun verdâtre, avec quelques zones concentriques alternativement plus claires et jaunâtres, ou plus foncées. Intérieur d'un nacré orangé, irisé, fortement teinté vers les sommets. — Sommets légèrement excoriés, peu saillants, s'élargissant très rapidement. Sillon dorsal très peu marqué. Ligament peu fort, allongé, d'un brun foncé. Dent cardinale petite, triangulaire, peu haute, acuminée, peu épaisse à sa base, denticulée au sommet. Dent latérale forte, très allongée, légèrement infléchie, saillante et tranchante à son extrémité.

Longueur maximum. . . , ...	63	millimètres
Hauteur maximum (à 21 de la perpendiculaire) . . .	30	—
Hauteur de la perpendiculaire.	28	—
Épaisseur maximum (point maximum de la convexité : à 12 de la perpendiculaire ; à 17 des sommets; à 37 du rostre ; à 29 du bord antérieur; à 19 de l'angle postéro-dorsal; à 20 de la base de la perpendiculaire).	19	—
Corde apico-rostrale. . . . . , ...	52	—
Distance des sommets à l'angle postéro-dorsal. . .	32	—

Distance de cet angle au rostre. . . . . , .	25 millimètres
Distance du rostre à la perpendiculaire.	43 —
Distance de la base de la perpendiculaire à l'angle postéro-dorsal.	36 —
Région antérieure. . . . . , ...	17 —
Région postérieure. . . . . , . . .	46 —

Cette espèce nouvelle est voisine de l'*Unio mucidulus;* elle s'en distingue facilement : à son galbe moins étroitement allongé ; à ses valves plus renflées dans leur ensemble ; à son rostre un peu moins aigu et un peu plus inférieur ; à son bord inférieur plus nettement sinueux dans sa partie médiane ; à sa dent latérale plus forte et plus droite ; etc. A côté du type, nous instituerons une *var. curta*, qui est d'un galbe plus court et plus ramassé (longueur, 55 ; hauteur, 27 ; épaisseur, 18 millimètres).

UNIO ÆGERICUS, Locard (p. 63).

Coquille de grande taille, d'un galbe subovalaire, allongé, bien renflé dans son ensemble, atténué dans la région rostrale. Bord supérieur légèrement arqué, s'allongeant vers l'angle postéro-dorsal, puis convexe-descendant jusqu'au rostre. Bord inférieur allongé, largement mais peu profondément sinueux au delà de la base de la perpendiculaire. Région antérieure haute, un peu plus de deux fois plus petite que la région postérieure, obtusément anguleuse dans le haut, légèrement retroussée et faiblement décurrente dans le bas. Région postérieure bien développée, haute, arrondie dans sa partie rostrale, avec une direction générale légérement descendante. — Valves épaisses, pesantes, bien renflées dans la région ombonale, faiblement baillantes sur une petite longueur, dans la bas de la région antérieure ; beaucoup plus baillantes dans toute la région postérieure. Épiderme assez brillant, d'un marron foncé dans la région ombonale, passant au brun verdâtre sur le reste de la coquille, avec quelques zones confuses plus teintées. Intérieur nacré, d'une belle teinte carnéolée dans la région antérieure, plus clair et plus irisé dans le voisinage du rostre. — Sommets excoriés, peu saillants à leur origine, puis s'élargissant et se renflant rapidement. Ligament fort, très allongé, un peu clair. Lunule très étroite. Sillon dorsal peu profond, accusé surtout vers le bord palléal. Dent cardinale triangulaire, un peu haute, médiocrement acuminée, épaisse, allongée à la base, finement denticulée au sommet. Dent latérale faiblement arquée vers les sommets, puis droite et très allongée, peu haute et très épaisse.

Longueur maximum.	99	millimètres
Hauteur maximum (à 24 de la perpendiculaire). . .	44	—
Hauteur de la perpendiculaire.	43	—
Épaisseur maximum (point maximum de la convexité : à 12 de la perpendiculaire; à 21 des sommets; à 47 de la région antérieure; à 30 de l'angle postéro-dorsal; à 55 du rostre, à 35 de la base de la perpendiculaire).	54	—
Corde apico-rostrale.	54	—
Distance des sommets à l'angle postéro-dorsal. . .	47	—
Distance de cet angle au rostre.	33	—
Distance du rostre à la perpendiculaire.	64	—
Distance de la base de la perpendiculaire à l'angle postéro-dorsal.	59	—
Région antérieure.	26	—
Région postérieure.	74	—

Cette grande et belle espèce nous avait été envoyée par le regretté abbé Dupuy, peu de temps avant sa mort, sous le nom d'*Unio pictorum var.* Malgré toute l'extension par trop fantaisiste qui a été donnée à ce nom, nous ne voyons aucune autre forme française ou même étrangère de laquelle nous puissions rapprocher cette espèce.

UNIO ATHARSUS, Bourguignat (p. 63).

Coquille de taille moyenne, d'un galbe étroitement ovalaire, un peu allongé, assez renflé, avec une direction légèrement déclive. Région antérieure haute, mais peu large, un peu anguleuse dans le haut, légèrement retroussée dans le bas. Région postérieure un peu plus de deux fois plus longue que la région antérieure, terminée par un rostre subbasal assez obtus. Bord supérieur arqué, allongé, se poursuivant au delà de l'angle postéro-dorsal suivant une large courbe un peu plus fermée au voisinage du rostre. Bord inférieur allongé, légèrement sinueux dans sa partie médiane, un peu plus recourbé vers la région antérieure que vers le rostre. — Valves un peu plus épaisses antérieurement que postérieurement, légèrement baillantes dans la région supéro-postérieure. Épiderme d'un brun verdâtre foncé, avec quelques zones concentriques plus teintées. Intérieur d'un blanc nacré, légèrement rosé, irisé vers la périphérie. — Sommets excoriés, peu saillants, très rapidement élargis. Ligament d'un roux jaunâtre, allongé, peu saillant. Dent cardinale triangulaire, haute et acuminée, assez mince, bien fimbriée au sommet. Dent latérale forte, allongée, presque droite, haute et tranchante à son extrémité.

Longueur maximum. . . , ...	64	millimètres
Hauteur maximum, (à 19 de la perpendiculaire). . .	32	—
Hauteur de la perpendiculaire.	30	—
Épaisseur maximum (point maximum de la convexité : à 20 des sommets ; à 14 de la perpendiculaire ; à 32 du bord antérieur ; à 19 de l'angle postéro-dorsal ; à 34 du rostre ; à 22 de la base de la perpendiculaire)	21	—
Corde apico-rostrale.	53	—
Distance des sommets à l'angle postéro-dorsal. . .	34	—
Distance de cet angle au rostre.	25	—
Distance du rostre à la perpendiculaire.	43	—
Distance de la base de la perpendiculaire à l'angle postéro-dorsal.	38	—
Région antérieure.	18	—
Région postérieure.	47	—

La description et les dimensions que nous venons de donner sont prises sur des échantillons français.

UNIO TRIFFOIRICUS, Bourguignat (p. 65).

« Coquille de forme oblongue allongée, sensiblement sinuée inférieurement ; contour supérieur rectiligne jusqu'à l'angle postéro-dorsal, puis convexe-descendant jusqu'au rostre. Région antérieure bien ronde. Contour inférieur fortement sinueux à sa partie moyenne. Région postérieure plus de deux fois plus longue que l'antérieure, s'atténuant en une partie rostrale inférieure et obtuse. — Valves épaisses, assez pesantes, à peines baillantes en avant et en arrière, recouvertes d'un épiderme des plus brillants, comme vernissé, d'une coloration marron jaunâtre, avec des zones concentriques plus foncées ou noirâtres, et passant à un beau rouge foncé sur les sommets et à un vert tendre sur la région postéro-dorsale supérieure. — Sommets obtus, proéminents, assez volumineux, hérissés de quelques pointes spinuliformes sur les crochets. Ligament allongé, robuste et saillant. Sillon dorsal prononcé vers les sommets et limité supérieurement jusqu'au rostre par un léger sillon d'un ton plus foncé. — Charnière étranglée à sa partie moyenne, mais devenant à ses extrémités très volumineuse et très robuste. Dent cardinale allongée, plate bien que relativement épaisse, à sommet largement tronqué et subdenticulé. Dent latérale très allongée, très saillante et coupante à son extrémité.

Longueur maximum	97	millimètres
Hauteur maximum.	45	—
Hauteur de la perpendiculaire	45	—
Épaisseur maximum (point maximum de la convexité : à 9 de la perpendiculaire ; à 17 des sommets ; à 61 du rostre ; à 37 du bord antérieur ; à 32 de l'angle postéro-dorsal ; à 33 de la base de la perpendiculaire).	28	—
Corde apico-rostrale.	76	—
Distance des sommets à l'angle postéro-dorsal. . . .	41	—
Distance de cet angle au rostre.	41	—
Distance du rostre à la perpendiculaire.	64	—
Distance de la base de la perpendiculaire à l'angle postéro-dorsal.	57	—
Région antérieure.	29	—
Région postérieure.	68	—

« Cette belle espèce vit abondamment à Rozières, près de Troyes (Aube), dans le Triffoire, petite rivière marécageuse, en compagnie de l'*Unio rostratus* et de quelques autres. C'est par erreur que M. H. Drouet a répandu cette espèce comme étant le type *pictorum* de Linné. » (Bourg.)

UNIO SUBHISPANUS, Castro (p. 65).

Coquille d'un galbe subovalaire, un peu court et ventru, dans une direction sensiblement rectiligne, terminé par un rostre assez aigu, presque complètement basal. Région antérieure bien développée haute et large, un peu anguleuse dans le haut, bien arrondie dans le bas. Région postérieure un peu moins de deux fois plus longue que la région antérieure. Bord supérieur faiblement arqué, assez allongé, descendant rapidement depuis l'angle postéro-dorsal jusqu'au rostre. Bord inférieur sensiblement horizontal mais un peu sinueux, avec le maximum de convexité à l'aplomb de la perpendiculaire, bien retroussé dans la région antérieure, brusquement et faiblement arrondi vers le rostre.—Valves solides, épaisses, légèrement baillantes dans la région antérieure, plus ouvertes dans la région postéro-dorsale. Épiderme d'un roux jaunâtre, avec quelques zones un peu plus foncées. Intérieur nacré d'un beau jaune orangé, bien irisé sur les bords. — Sommets dénudés, peu saillants, très élargis, de manière à donner aux valves un faciès bombé. Ligament allongé, d'un brun roux. Dent cardinale triangulaire, peu haute, allongée et un peu épaissie à la base, finement crénelée au sommet, non acuminée. Dent latérale très allongée, un peu courbée, assez haute et assez tranchante à son extrémité.

Longueur maximum.	68	millimètres
Hauteur maximum.	34	—
Hauteur de la perpendiculaire.	34	—
Épaisseur maximum (point maximum de la convexité : à 15 des sommets; à 31 du bord antérieur; à 9 de la perpendiculaire; à 18 de l'angle postéro-dorsal; à 39 du rostre; à 25 de la base de la perpendiculaire).	23	—
Corde apico-rostrale.	52	—
Distance des sommets à l'angle postéro-dorsal. . .	27	—
Distance de cet angle au rostre.	29	—
Distance du rostre à la perpendiculaire.	44	—
Distance de la base de la perpendiculaire à l'angle postéro-dorsal.	38	—
Région antérieure.	23	—
Région postérieure.	44	—

Comme son nom l'indique, cette espèce est voisine de l'*Unio Hispanus* (1). Elle s'en distingue : par son galbe plus allongé; par son rostre plus aigu; par sa région postérieure plus effilée; par son bord supérieur

(1) *Unio Hispanus*, Moquin-Tandon, 1844. *In* Rossmässler, *Iconogr.*, XII, p. 26, fig. 747. — Bourguignat, 1865. *Moll. nouv. lit.*, p. 145, pl. XXIV, fig. 1-3.

plus tombant vers le roste; par ses sommets plus élargis; etc. La description et les mensurations que nous avons données sont prises sur des échantillons français.

UNIO ROYIANUS, Locard (p. 65).

Coquille d'un galbe largement ovalaire, irrégulier, très déprimé. Bord supérieur très allongé, presque rectiligne, s'étendant sensiblement jusque vers l'angle postéro-dorsal, puis s'infléchissant de plus en plus depuis cet angle jusqu'au rostre. Bord inférieur relativement court, ne commençant qu'à partir de la base de la perpendiculaire. Région antérieure très haute, un peu plus d'une fois et demie plus longue que la région postérieure, anguleuse et retroussée dans le haut, décurrente dans le bas. Région postérieure haute, peu allongée, obtusément rostrée à son extrémité basale. — Valves assez épaisses, surtout dans la région antérieure, baillantes seulement dans la région postéro-dorsale. Épiderme brillant, d'un vert pâle, un peu jaunâtre, irrégulièrement et confusément zoné de teintes un peu plus foncées. Intérieur d'un beau blanc nacré, irisé dans la région postérieure. — Sommets saillants et acuminés à leur origine puis s'élargissant ensuite rapidement, ondulés-tuberculeux sur une faible longueur. Sillon dorsal à peine accusé. Lunule étroite et allongée. Ligament fort, un peu court, d'un jaune clair. Dent cardinale triangulaire, mince, peu haute, non acuminée, très allongée à sa base, finement fimbriée au sommet. Dent latérale arquée, peu large, peu longue et peu haute.

Longueur maximum.	74	millimètres
Hauteur maximum.	40	—
Hauteur de la perpendiculaire.	40	—
Épaisseur maximum (point maximum de la convexité : à 7 de la perpendiculaire; à 11 des sommets; à 26 du bord antérieur; à 23 de l'angle postéro-dorsal; à 28 du rostre; à 46 de la base de la perpendiculaire).	23	—
Corde apico-rostrale.	55	—
Distance des sommets à l'angle postéro-dorsal. . .	10	—
Distance de cet angle au rostre.	28	—
Distance du rostre à la perpendiculaire.	45	—

Distance de la base de la perpendiculaire à l'angle postéro-dorsal. . . . . 45 millimètres
Région antérieure. . . . . , ... 27 —
Région postérieure. . . . . 48 —

Cette singulière et très remarquable espèce, à laquelle nous avons donné le nom de M. Roy, un des plus zélés malacologistes de la région lyonnaise, s'écarte notablement de nos formes françaises. Elle appartient, d'après M. Bourguignat qui a bien voulu l'examiner, au groupe de l'*Unio Hispanus*. Plusieurs exemplaires en ont été récoltés dans les fossés des forts de la rive gauche du Rhône. On la retrouve également dans le Jura, mais elle est un peu moins typique.

Groupe de l'U. ROSTRATUS (p. 65).

C'est à ce groupe qu'appartiennent la plupart des formes qualifiées du nom d'*Unio pictorum* par presque tous les auteurs ; aussi aurions-nous pu ajouter cette dénomination à presque toutes les synonymies des espèces signalées dans ce groupe. Comme on a pu le voir, nous avons supprimé complètement l'*Unio pictorum* de Linné, de notre catalogue. Cette détermination doit être justifiée.

Qu'est-ce donc au juste que l'*Unio pictorum?* et si les iconographies en ont figuré tant de formes différentes, quel peut être exactement le type ? Linné, dans sa dixième et dans sa douzième édition du *Systema naturæ* (1), définit ainsi cette espèce qu'il classe dans les Myes avec des coquilles marines : « *Testa ovata, cardinis dente primario crenulato; laterali longitudinali; alterius duplicato.* » Si l'auteur du *Systema naturæ* n'avait pas soin d'ajouter : « *Habitat in Europæ fluviis*, nous serions fort tenté de croire qu'il s'agit là de la diagnose d'une coquille marine tout comme le *Mya arenaria* qui précède. Cette diagnose, on le reconnaîtra avec nous, s'applique à une foule d'*Unionidæ*. Comme référence iconographique, Linné nous renvoie à Bonanni (2) et à Lister (3), figures aussi déplorables que possible et même toutes différentes, car étant admis qu'elles représentent des Unios, celle de Bonanni paraît s'appliquer bien

(1) Linné, 1758. *Systema naturæ*, édit., X, I, p. 671. — 1767. Édit. XII, III, p. 1112.
(2) Bonanni, 1684. *Recreatio mentis et oculi*, II, fig. 41.
(3) Lister, 1678. *Hist. anim. Angliæ, app.*, pl. I, fig. 4.

plus à l'*Unio tumidus* qu'à n'importe quelle forme de l'ancien groupe de l'*Unio pictorum*. Il est bien évident cependant que Linné a dû avoir connaissance d'un certain nombre de nos Nayades européennes; il s'en suit donc que, sous le nom de *Mya pictorum*, il a groupé tous les Unios qu'il connaissait, et pas plus sa diagnose que ses réformes iconographiques ne nous permettent de donner, dans le nombre, la préférence à telle ou telle forme.

Reste donc la collection de Linné. Or, Hanley, dans son ouvrage intitulé *Ipsa Linnæi conchylia* (1), nous avoue que, sous le nom d'*Unio pictorum*, on trouve dans la collection de Linné des formes différentes : « *More Uniones than one are present in the collection.* » Le nom de *pictorum*, dans la pensée de l'auteur du *Systema naturæ*, s'appliquait donc évidemment à plusieurs formes que nous considérons aujourd'hui comme absolument distinctes, sans qu'il nous soit possible de dire exactement à laquelle de ces formes on peut réserver le nom de *pictorum*. C'est par une sorte de convention purement tacite et que rien ne justifie, que l'on a donné par la suite ce nom à toutes sortes de formes d'Unios plus ou moins cylindroïdes et de grande taille, au galbe allongé et rostré. De là cette singulière confusion qui règne chez les auteurs à propos de cette dénomination qui n'est étayée sur aucune justification positive.

On pouvait peut être espérer trouver quelques éclaircissements dans le travail de Philipsson, le créateur du genre *Unio* (2). Hélas! la question, loin de s'élucider, se complique ici encore davantage. L'auteur définit ainsi l'*Unio pictorum* : « *Testa ovata, dentibus analibus compressis utriusque testæ duplicatis.* » Cette diagnose n'est évidemment pas plus explicite que celle de Linné. Quant aux références iconographiques données par Philipsson, elles nous montrent six figurations absolument différentes les unes des autres, n'ayant aucun rapport avec les figures données par exemple par Rossmässler (3) et que l'on cite le plus ordinairement aujourd'hui comme représentant le prétendu *Unio pictorum*. Ainsi Pennant (4) donne le dessin d'une coquille assez petite, juste deux fois aussi haute que longue, et Schröter (5), dans les deux planches citées par Philipsson,

(1) Hanley 1875. *Ipsa Linnæi Conchylia, Linne's Shells, determined from his mss. and collection.* p. 17.

(2) Philipsson, 1788. *Dissert. sistens nova testaceorum genera*, p. 17.

(3) Rossmässler, 1836. *Iconogr.*, III, pl. XIII, fig. 196.

(4) Pennant, 1777. *British zoology*, IV, pl. XLIII, fig. 17.

(5) Schröter, 1779. *Die Geschichte der Fluss-Conchylien*, pl. III, fig. 2 à 5 ; pl. IV. fig. 6.

reproduit des dessins d'espèces de petite taille, appartenant à des groupes très différents les uns des autres et fort éloignés des grandes formes allongées de l'ancien groupe de l'*Unio pictorum*. C'est tout au plus si la figure 3 de la planche III peut être prise pour un très jeune individu d'une espèce de cet ancien groupe.

En présence de cette impossibilité absolue de reconstituer le type exact et positif de l'*Unio pictorum* en tant que forme spécifique, et après avoir bien constaté que, dans la pensée même de l'auteur, ce nom s'appliquait à plusieurs formes toutes reconnues aujourd'hui comme spécifiquement distinctes, nous nous sommes considérés comme suffisamment autorisés pour supprimer à l'avenir, de nos catalogues, cette dénomination qui ne répond plus aux règles d'une bonne nomenclature.

UNIO MACROPSISTHUS, Bourguignat (p. 66).

Coquille de grande taille, d'un galbe ovalaire, allongé, peu renflé, dans une direction sensiblement rectiligne. Région antérieure haute, bien arrondie, un peu retroussée dans le bas, légèrement anguleuse dans le haut. Région postérieure plus de deux fois et demie plus longue que la région antérieure, terminée par un rostre inférieur très allongé et progressivement aminci à son extrémité. Bord supérieur à peine arqué, allongé, descendant lentement jusqu'au rostre, de manière à former un angle postéro-dorsal très ouvert, à peine marqué. Bord inférieur très allongé, légèrement courbé dans son milieu ou parfois à peine subsinueux, largement arrondi dans la région antérieure, faiblement arqué et sur une petite longueur vers le rostre. — Valves un peu épaisses, baillantes dans toute la région antérieure et dans la partie comprise depuis l'angle postéro-dorsal jusqu'au rostre. Épiderme d'un brun jaunâtre plus ou moins foncé, parfois un peu verdâtre. Intérieur d'une nacre légèrement rosée, irisée à la périphérie. — Sommets peu saillants, comme comprimés à leur naissance, ensuite renflés et très élargis; arête apico-rostrale bien accusée, droite. Ligament fort, bien allongé, d'un brun roux. Dent cardinale triangulaire, relativement peu haute, assez épaisse, fimbriée au sommet. Dent latérale très allongée, à peine arquée, haute et tranchante à son extrémité.

Longueur maximum. . . . . 120 millimètres
Hauteur maximum. . . . . 46 —

Hauteur de la perpendiculaire.	46	millimètres.
Épaisseur maximum (point maximum de la convexité : à 13 des sommets; à 42 du bord antérieur; à 11 de la perpendiculaire; à 37 de l'angle postéro-dorsal; à 76 du rostre; à 23 de la base de la perpendiculaire).	29	—
Corde apico-rostrale.	91	—
Distance des sommets à l'angle postéro-dorsal. . .	47	—
Distance de cet angle au rostre.	46	—
Distance du rostre à la perpendiculaire.	86	—
Distance de la base de la perpendiculaire à l'angle postéro-dorsal.	64	—
Région antérieure.	33	—
Région postérieure.	87	—

Cette magnifique coquille, très exactement figurée dans l'atlas de Rossmässler, se retrouve en France dans la région est, mais le plus souvent de taille un peu plus petite (longueur 95 à 105 millimètres). Elle participe à la fois de l'*Unio rostratus* et de l'*Unio maximus*. On la séparera de l'*Unio rostratus* : à son galbe plus haut et en même temps beaucoup moins renflé dans la région des sommets; à sa région antérieure plus amincie; à son bord inférieur moins sinueux; à son rostre moins aigu et moins retroussé; etc. Comparée à l'*Unio maximus*, on la reconnaîtra : à son galbe beaucoup moins renflé; à ses sommets beaucoup moins saillants, plus comprimés; à sa région postérieure beaucoup plus allongée et plus rostrée; etc.

UNIO SILIQUIFORMIS, Locard (p. 67).

Coquille d'un galbe général en forme de gousse étroitement allongé, peu renflé. Bord supérieur un peu allongé, faiblement arqué, se prolongeant en une courbe régulière jusque vers la région rostrale où elle s'infléchit plus brusquement. Bord inférieur allongé, à peine obtusément subsinueux dans son milieu, légèrement descendant, puis remontant vers le rostre à son extrémité. Région antérieure près de deux fois et demie plus petite que la région postérieure, subanguleuse et retroussée dans le haut, décurrente dans le bas. Région postérieure bien allongée, allant progressivement en s'atténuant jusqu'au rostre; rostre assez aigu et un peu infra-médian. — Valves assez épaisses, surtout dans la région antérieure et vers les sommets, plus baillantes dans la région postéro-dorsale que dans la partie antérieure. Épiderme brillant, d'un jaune verdâtre avec quelques zones confuses plus foncées ou même brunâtres, et des rayons teintés allant des sommets à la région du rostre. Intérieur blanc nacré, irisé. — Sommets peu saillants, ridés, tuberculeux à leur naissance, s'élargissant rapidement. Sillon dorsal nul. Lunule étroite mais peu allongée. Dent cardinale triangulaire, peu haute, très peu acuminée, allongée à la base. Dent latérale droite, très allongée, relativement haute et tranchante.

Longueur maximum.	62	millimètres
Hauteur maximum.	27	—
Hauteur de la perpendiculaire.	27	—
Épaisseur maximum (point maximum de la convexité : à 10 de la perpendiculaire; à 12 des sommets; à 27 du bord antérieur; à 21 de l'angle postéro-dorsal; à 20 du rostre; à 23 de la base de la perpendiculaire).	16	—
Corde apico-rostrale.	50	—
Distance des sommets à l'angle postéro-dorsal. . . .	31	—
Distance de cet angle au rostre.	21	—
Distance du rostre à la perpendiculaire.	44	—
Distance de la base de la perpendiculaire à l'angle postéro-dorsal.	37	—
Région antérieure.	19	—
Région postérieure.	46	—

Cette espèce paraît avoir été confondue avec l'*Unio graniger* de Schmidt qui ne vit point en France. Elle a plus d'analogie avec l'*Unio rostratellus* espèce de l'Allemagne du Nord et qui vit également en France. On la distinguera de cette dernière espèce : à son galbe plus étroitement allongé ; à sa taille plus petite ; à sa région antérieure plus étroite et moins large ; à ses sommets plus antérieurs et notablement moins renflés ; à son rostre plus aigu ; etc.

UNIO TUMIDUS, Philipsson (p. 69).

Sous le nom d'*Unio tumidus*, la plupart des iconographes ont représenté des formes absolument différentes les unes des autres et dont plusieurs méritent certainement d'être élevées au rang d'espèces. En effet. tout en accordant une très large part au polymorphisme, nous sommes conduits à reconnaître qu'à l'égard de l'*Unio tumidus*, on a agi tout comme pour les *Unio Batavus*, *Requieni* ou *pictorum*, c'est-à-dire que, sous une même dénomination, on a enrôlé toutes sortes de formes bien distinctes les unes des autres. Il suffit, pour s'en convaincre, de feuilleter l'atlas de Rossmäsler, où six formes d'*Unio tumidus* ou réputées pour tels sont représentées. Philipsson, le créateur de l'espèce, ne donne aucune référence iconographique pour son *Unio tumidus*, mais il le définit : *Testa ovato-cuneata ;* et il ajoute dans ses observations : *Reliquis sub Mya pictorum nomine vulgo comprehensis specibus major, ultra 4 poll. lata et 2 longa, ventre tumidior, verum versus extremitatem superiorem etiam reliquis angustior et in cunei rotundati modum decrescens.*

D'après des échantillons que nous avons reçus de Suède, de Norwège et du Danemark, comme d'après ces indications, il est très vraisemblable que la forme type de Philipsson doit se rapprocher beaucoup de la figuration donnée par Rossmässler (pl. XIV, fig. 204). Tel sera pour nous désormais le type de l'*Unio tumidus*. Nous lui rattacherons, à titre de variété, au moins provisoirement, la figure 70 du même atlas, celles de C. Pfeiffer (1), Jeffreys (2), etc. C'est la forme qui paraît la plus répandue dans nos cours d'eau du nord-est de la France. Elle est suffisamment bien caractérisée et figurée pour que nous puissions nous dispenser d'en donner à nouveau la description.

UNIO TUMIDULUS, Locard (p.70).

A côté de l'*Unio tumidus* tel que nous venons de le définir, nous trouvons également, en France, une autre forme peut-être un peu moins commune, mais tout aussi bien caractérisée et absolument différente. Nous l'avons inscrite dans notre catalogue sous le nom d'*Unio tumidulus*. Donovan, Rossmässler, Dupuy, Turton, Forbes et Hanley, Reeve, etc., en ont donné de bonnes figurations que nous avons relevées dans notre synonymie. Cette espèce, comme il est facile de le voir, diffère de la précédente : par sa taille plus petite; par son galbe plus court et

(1) Pfeiffer, 1825. *Nat. Deutsch. moll.*, II, pl. VII, fig. 3.
(2) Jeffreys, 1866. *Brit. conch.*, pl. II, fig. 1.

proportionnellement plus haut; par sa région antérieure plus grande et plus arrondie; par sa région postérieure plus courte et terminée par un rostre plus aigu; par son bord inférieur beaucoup plus arqué et plus retroussé à ses deux extrémités; par sa dent cardinale plus haute et plus étroite; par sa dent latérale moins allongée et moins droite; etc.

UNIO ALDEMARICUS, Locard (p. 70).

Coquille d'un galbe assez renflé, très allongé dans une direction rectiligne et terminé par un rostre pointu et effilé. Région antérieure très courte, haute et largement arrondie. Région postérieure plus de trois fois plus longue que la région antérieure, dans une direction horizontale, très allongée, avec un rostre à peine infra-médian, bien acuminé à son extrémité. Bord supérieur à peine arqué, allongé du côté postérieur, puis lentement descendant jusqu'au rostre, de manière à former un angle postéro-dorsal très ouvert. Bord inférieur largement curviligne, un peu retroussé dans la région antérieure et bien allongé jusqu'au rostre. — Valves assez fortement baillantes dans le bas de la région antérieure et au voisinage du rostre, dans la région postéro-dorsale. Test solide, épais, comme renforcé dans la région antérieure. Épiderme d'un vert foncé, avec quelques zones, les unes jaunâtres, les autres très brunes; région des sommets d'un roux assez clair. Intérieur d'une nacre bleutée, irisée sur les bords. — Sommets très fortement ridés et sur une assez grande étendue, forts et saillants, bien renflés dans leur ensemble; dans la région postérieure quelques saillies subnoduleuses. Ligament allongé, d'un brun foncé. Dent cardinale subtriangulaire, peu haute, épaisse à la base, assez allongée, non acuminée, grossièrement denticulée au sommet. Dent latérale très allongée, très droite, assez haute surtout à son extrémité, et tranchante dans cette partie.

Longueur maximum.	80	millimètres
Hauteur maximum.	37	—
Hauteur de la perpendiculaire.	37	—
Épaisseur maximum (point maximum de la convexité : à 8 des sommets; à 55 du rostre; à 27 du bord antérieur; à 38 de l'angle postéro-dorsal; à 28 de la base de la perpendiculaire).	25	—
Corde apico-rostrale.	66	—

Distance des sommets à l'angle postéro-dorsal. . .	37	millimètres
Distance de cet angle au rostre.	34	—
Distance du rostre à la perpendiculaire.	61	—
Distance de la base de la perpendiculaire à l'angle postéro-dorsal.	48	—
Région antérieure.	20	—
Région postérieure.	62	—

Cette espèce nouvelle est voisine de l'*Unio tumidus* ; mais elle s'en distingue : par son galbe beaucoup plus étroitement allongé ; par sa hauteur totale notablement moins grande pour une même longueur; par sa région antérieure proportionnellement plus courte; par ses valves plus renflées, avec les sommets plus gros et plus saillants; par son rostre beaucoup plus acuminé à son extrémité; par son bord inférieur moins arqué; etc.

Telles sont, en résumé, les espèces françaises appartenant aux genres *Margaritana* et *Unio* qui nous sont connues jusqu'à ce jour. Certes, le nombre en est considérable, et pourtant il nous faut avouer ici que nous sommes bien loin d'avoir dit le dernier mot sur un pareil sujet. On ne doit point l'oublier, la malacologie, encore étudiée par un trop petit nombre de fervents adeptes, est incontestablement, parmi les sciences naturelles une des plus jeunes. Aussi chaque jour amène-t-il la découverte de faits absolument nouveaux. Nous pouvons donc affirmer que lorsqu'on aura étudié mieux encore que nous n'avons pu le faire les innombrables cours d'eau, lacs, marais ou étangs qui sillonnent en tous sens notre territoire, ce nombre, quelque grand qu'il soit, sera certainement de beaucoup dépassé.

Certains naturalistes, surpris du développement que prennent dans nos travaux les espèces malacologiques, ont pu croire que nous étions porté à confondre la notion de l'espèce avec celle de la variété, telles qu'on les admet le plus généralement aujourd'hui en histoire naturelle. Nous nous bornerons simplement à répondre, et nous ne saurions trop le répéter, que chacune de nos espèces est basée sur une somme de caractères au moins égale à celle sur laquelle étaient établies la plupart des meilleures espèces de Linné, de Draparnaud, de de Lamarck, de Deshayes, etc., et qu'entre chacune d'elles il existe absolument autant de différence qu'entre le plus grand nombre des espèces admises sans conteste par les naturalistes. Tout le monde admet en effet, qu'il existe des différences spécifiques suffisantes entre les *Helix memoralis* Linné, et *H. sylvatica* Draparnaud; entre les *Hyalinia lucida* Draparnaud, et *H. cellaria* Müller; entre les *Zisyphinus conulus* Linné, et *Z. conuloides* Linné; entre les *Solenensis* Linné, et *S. siliqua* Linné; entre les *Mytilus edulis* Linné, et *M. gallo-provincialis* de Lamarck, etc., pour ne citer que des espèces bien anciennes et bien connues. Eh bien! pour chacun de nos *Unio*, tels que nous les avons institués dans ce travail, la somme des caractères distinctifs propres à chacune de nos espèces est absolument la même qu'entre les espèces que nous venons de relever. Nous nous sommes uniquement borné à rétablir, pour chacune de ces espèces, un peu de cette homogénéité spécifique qui malheureusement fait si souvent défaut en histoire naturelle.

Agissant sans le moindre parti pris, nous nous sommes uniquement borné à réunir infiniment plus de matériaux d'étude que ne le faisaient généralement nos devanciers. Plus de dix mille échantillons de toute provenance ont passé sous nos yeux, parmi lesquels près de douze cents sont restés dans notre collection. Cela nous a nécessairement conduit à grouper méthodiquement ces nombreuses formes et à distinguer dans chaque groupe un certain nombre d'espèces bien distinctes et bien caractérisées. Chacune de nos espèces comporte à son tour un nombre plus ou moins grand de variétés *ex forma* et *ex colore* qui malheureusement n'ont pu trouver leur place dans le cadre restreint que nous avons dû nous tracer. Tels sont les principes qui nous ont guidé dans ce travail, principes que nous nous sommes toujours efforcé de suivre dans toutes nos études.

TABLE ALPHABÉTIQUE

Nota. — Les caractères *italiques* indiquant les noms des espèces admises dans cet ouvrage; les caractères ordinaires sont réservés au synonyme et aux espèces étrangères à la faune française.

LYON. — IMPRIMERIE PITRAT AINÉ, 4, RUE GENTIL

www.ingramcontent.com/pod-product-compliance
Ingram Content Group UK Ltd.
Pitfield, Milton Keynes, MK11 3LW, UK
UKHW020145200726
13856UKWH00003B/851

9 782013 577762